电工技术与电子技术实验指导（第2版）

王艳丹　段玉生　编

U0227578

清华大学出版社
北京

内 容 简 介

本实验指导书适用于大专院校非电专业多学时电工学课程的实验教学。其实验内容分为两部分：第1部分是电工技术实验，编有8个实验，分别为基本电工仪表的原理与使用、*RLC*串联电路的频率特性、三相电路、*RC*电路的过渡过程、继电器接触器控制电路、可编程控制器、SPICE电路仿真实验及Multisim电路仿真实验；第2部分是电子技术实验，编有12个实验，分别为单管放大电路的研究，晶体管多级放大器与负反馈放大器实验，直流稳压电源实验，可控硅单相全波整流及调压实验，模拟运算电路实验，波形产生电路实验，组合逻辑电路、触发器和移位寄存器实验，计数器实验，脉冲波形的产生、整形和分频实验，可编程逻辑器件FPGA实验，Multisim模拟电路仿真实验及Multisim数字电路仿真实验。每部分实验中，既有基本型实验，又有设计型实验和综合型实验，还有计算机仿真实验。

图书在版编目(CIP)数据

电工技术与电子技术实验指导 / 王艳丹，段玉生编．—2版．—北京：清华大学出版社，2012.10(2024.1重印)

ISBN 978-7-302-30216-2

Ⅰ.①电… Ⅱ.①王… ②段… Ⅲ.①电工技术—实验—高等学校—教学参考资料 ②电子技术—实验—高等学校—教学参考资料 Ⅳ.①TM-33 ②TN-33

中国版本图书馆CIP数据核字(2012)第228191号

责任编辑：张占奎　赵从棉
封面设计：常雪影
责任校对：刘玉霞
责任印制：沈　露

出版发行：清华大学出版社

网　　址：https://www.tup.com.cn，https://www.wqxuetang.com
地　　址：北京清华大学学研大厦A座　　**邮　　编**：100084
社 总 机：010-83470000　　**邮　　购**：010-62786544
投稿与读者服务：010-62776969，c-service@tup.tsinghua.edu.cn
质 量 反 馈：010-62772015，zhiliang@tup.tsinghua.edu.cn

印 装 者：涿州市般润文化传播有限公司
经　　销：全国新华书店
开　　本：185mm×230mm　　**印　　张**：11　　**字　　数**：216千字
版　　次：2004年3月第1版　2012年10月第2版　　**印　　次**：2024年1月第8次印刷
定　　价：38.00元

产品编号：049705-03

前　言

清华大学“电工技术与电子技术”课程从1993年至1999年连续三届被评为清华大学最优秀的“一类课程”。1997年进入“211工程建设”项目，并于2001年通过验收。2002年又列入清华大学“100门精品课”建设项目，2003年被评为北京市精品课，2008年被评为国家级精品课。本实验指导书是在多年进行课程改革和实验改革的基础上编写的，内容十分丰富，既有经典的实验，又有反映最新技术的实验；既有验证型的实验，又有设计型和综合型的实验；既有硬件的实验，又有软件的实验。可对学生进行全面的实验技能和动手能力的训练。

本实验指导书是在2004年第一版的基础上修订而成，其内容分为两部分：第1部分是电工技术实验，编有8个实验；第2部分是电子技术实验，编有12个实验。总共20个实验，每个实验在3学时内完成。大部分实验中包括基本实验和小的设计型实验，基本实验给出实验线路和实验方法；而设计型实验的实验线路和实验方法都由学生自己拟订，由教师审查后方可进行实验。

为了反映电工电子技术的最新技术的发展，本实验指导书还编写了可编程控制器(S7-200型PLC)实验、复杂可编程逻辑器件(FPGA)实验和计算机仿真实验等反映最新技术的内容。这三类实验属于软件方面的设计实验。

本实验指导书的基本实验部分已在清华大学使用了十多年，可编程控制器(S7-200型PLC)实验、复杂可编程逻辑器件实验和计算机仿真实验也已使用了8年，获得了良好的教学效果。

参加编写人员有：王艳丹、段玉生、唐庆玉、刘文武、刘艳、邢广军。审阅：唐庆玉。

由于编者水平有限，书中肯定还存在很多错误，希望使用本书的教师和同学提出宝贵的批评意见，以便修改。

编　者

2012年8月

附录

目 录

电工电子技术实验室规则

为了在实验中培养学生严谨科学的作风，确保人身和设备的安全，顺利完成实验任务，特制定以下规则。

(1) 教师应在每次实验前对学生进行安全教育。

(2) 严禁带电接线或拆线。

(3) 接好线路后，要认真复查，确信无误后，方可接通电源。如无把握，须请教师审查。

(4) 发生事故时，要保持镇静，迅速切断电源，保持现场，并向教师报告。

(5) 如欲增加或改变实验内容，必须事先征得教师同意。

(6) 非本次实验所用的仪器、设备，未经教师允许不得动用。

(7) 损坏了仪器、设备，必须立即向教师报告，并写出书面检查。责任事故要酌情赔偿。

(8) 保持实验室整洁、安静。

(9) 实验结束后，要拉下电闸，并将有关实验用品整理好。

实验报告的要求

规定一律用16开纸认真书写实验报告，并加上专用的实验报告封面整齐装订。实验报告所含具体内容要求如下：

(1) 实验目的

(2) 课前完成的预习内容

包括报告书所要求的理论计算、回答问题、设计记录表格等。

(3) 实验数据表格及处理

此处所指数据是课后根据实验原始记录整理重抄的正式数据，并按指导书要求作必要处理。

(4) 实验总结

即完成指导书所要求的总结、问题讨论及自己的心得体会。如有曲线，应在坐标纸上画出。

学生课前应做的准备工作

(1) 阅读指导书，了解实验内容，明确实验目的，清楚有关原理。

(2) 事先完成正式实验报告中的“实验目的”和“实验预习”两项内容，特别是预习实验,必须在课前认真完成,否则不准做实验。

(3) 按实验指导书要求,设计原始数据记录表格,以备实验记录和课后整理用。

基本实验技能和要求

要求通过本课程的实验,能使同学们掌握实验的基本技能,希望同学们在实验中注意培养和训练。

1. 安全操作训练和科学作风

(1) 接线时最后接电源部分(拆线时应先拆电源部分),接完线后仔细复查。严禁带电拆、接线。出现事故时应立即断开电源,并向教师报告情况,检查原因。切勿乱拆线路。

(2) 接完电路后,在开始实验前应做好准备工作

① 调压器三端变阻器的可动端应放在无输出电压位置上,或放在线路中电流为最小的位置上。

② 电压表、电流表或其他测量仪器(如万用表、数字万用表)的量程应置于经过估算的一挡或最大量程挡上。

(3) 合电源闸前要得到教师和同组人的允许。每次开始操作前应告诉同组的人,互相密切配合。加负荷或变电路参数时应监视各仪表,若有异常现象,如冒烟、烤煳味、指针到极限位置、指针打弯等,应立即断电检查。

(4) 注意各种仪表仪器的保护措施,如电流表的短路开关(防止电动机启动电流冲击);有些仪器用保险丝作过载保护,不得随便更换。监视仪表过载指示灯,过载跳闸机构,等等。

(5) 预操作(在实验前先操作和观察一下),其目的在于:

① 看电路运行及仪表指示是否正常;

② 看所测电量数据变化趋势,以便确定实验曲线取点;

③ 找出变化特殊点,作为取数据时的重点;

④ 熟悉操作步骤。

2. 一些实验技能

(1) 接线能力

① 合理安排仪表元件的位置,接线该长则长、该短则短,尽量做到接线清楚、容易检查、操作方便。

② 接线要牢固可靠。

③ 先接电路的主回路，再接并联支路。有些电路(如电机控制)，主电路电流大用粗导线，控制电路电流小则用细导线。

(2) 合理读取数据点

应通过预操作，掌握被测曲线趋势和找出特殊点：凡变化急剧的地方取点密，变化缓慢处取点疏。应使取点尽量少而又能真实反映客观情况。

(3) 正确、准确地读取电表指示值

① 合理选择量程，应力求使指针偏转大于2/3满量程时较为合适，同一量程中，指针偏转越大越准确。

② 在电表量程与表面分度一致时，可以直读。不一致时则先读分度数，即记下指针指示的格数，再进行换算，并注意读出足够的有效数字，不要少读或多读。

(4) 配合实验结果的有效数字选择曲线坐标比例尺，避免夸大或忽略实验结果的误差。

3. 使用设备的一般方法

(1) 了解设备的名称、用途、铭牌规格、规定值及面板旋钮情况。

(2) 着重搞清楚设备使用的极限值。

① 着重搞清楚设备情况。要注意其最大允许的输出值，如调压器、稳压电源有最大输出电流限制；电机有最大输出功率限制；信号源有最大输出功率及最大信号电流限制。

② 对量测仪表仪器，要注意最大允许的输入量。如电流表、电压表和功率表要注意最大的电流值或电压值。万用表、数字万用表、数字频率计、示波器等的输入端都规定有最大允许的输入值，不得超过，否则会损坏设备。对多量程仪表(如万用表)要正确使用量程，千万不能用欧姆挡测量电压或用电流挡测量电压等。

③ 了解设备面板上各旋钮的作用。使用时应放在正确位置，禁止无意识地乱拨动旋钮。

④ 正式使用设备前应设法判断其是否正常。有自校功能的可通过自校信号对设备进行检查，如示波器有自校正弦波或方波，频率计有自校标准频率。

第 1 部分　电工技术实验

实验 1　基本电工仪表的原理与使用

1. 实验目的

(1) 熟悉电压表、电流表、欧姆表的基本原理,组装简易万用表;
(2) 学习校验电工仪表的基本方法;
(3) 了解基本电工仪表的使用常识及其对被测电路的影响。

2. 实验仪器和设备

(1) 简易万用表组装实验箱;
(2) 直流稳压电源;
(3) 0.5 级标准直流电压表和直流电流表;
(4) 500 型万用表;
(5) 滑线变阻器,标准电阻箱。

3. 实验说明

(1) 图 1.1 所示为自装简易万用表原理图。其中 K_1、K_2 是两个机械上联动的“单刀多投”旋转开关,旋转公共旋钮,动端(M、N)可同时换位,以改变测量功能及量程。

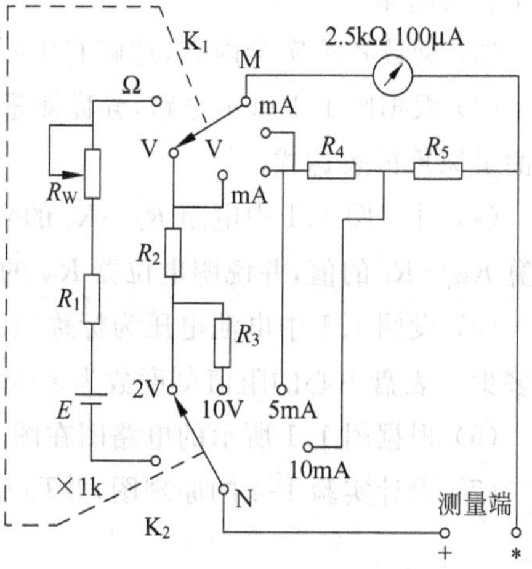

图 1.1　简易万用表原理图

图 1.2 为简易万用表组装实验箱的元件布置示意图。其中 K_1、K_2 被表达成平动式,可理解为动端 M、N 两个箭头在上下两条组线上滑动,同步换位。在实际万用表原理图中也经常采用这种方法表示旋转开关。

(2) 图 1.1 中,表头满偏电流 $I_g = 100\mu A$,表头内阻 $R_g = 2.5k\Omega$。

(3) 待装万用表的测量功能及量程如下:

电阻挡:×1k 量程(即表盘读数(Ω)×1000),标称中心阻值为 15kΩ;

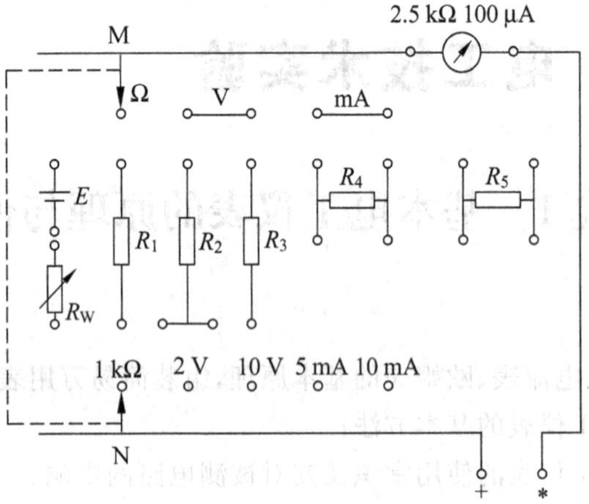

图 1.2　实验箱的元件布置示意图

直流电压挡：2V 和 10V 量程；

直流电流挡：5mA 和 10mA 量程。

(4) 质量指标

电阻挡中心阻值相对误差＜10%；

直流电压、电流挡各量程的准确等级不低于 2.5 级。

4. 预习内容

(1) 仔细阅读附录 1、2 有关 500 型万用表和晶体管直流稳压电源的使用说明及本实验后的附录。

(2) 阅读各项实验内容，理解有关原理，明确实验目的。

(3) 根据图 1.1 所示电路，弄懂测量接于测量端的未知电阻 R_x 的原理，写出能够说明测量原理的表达式。

(4) 计算图 1.1 中电阻 R_2～R_5 的阻值。设电池 E 的电压变化范围为 1.3～1.7V，计算 R_W+R_1 的值，并说明电位器 R_W 的作用是什么。

(5) 设图 1.1 中电池电压为标称值 1.5V 时，为使表头指针正好指在中间，R_x 应等于多少？表盘中心的阻值刻度数为多少？(该值称为电阻挡的标称中心阻值)

(6) 根据图 1.1 所示的电路图在图 1.2 中画出连接图。

(7) 设计实验 1-4 的原理图，并写出实验步骤。

5. 实验内容

实验 1-1 初步掌握 500 型万用表的使用方法

(1) 用该表测量实验箱上电池的端电压 $E=$________V。

(2) 测量实验箱上各电阻的阻值，记录于表 1.1 中，并与预习内容(4)相比较。注意：改换量程时，务必重新调零。

表 1.1

R_1	R_2	R_3	R_4	R_5

思考题：正在通电运行的某电阻 R 能否用万用表 Ω 挡直接测得 R 的阻值？为什么？

实验 1-2 组装简易万用表

1) 连接线路

按照图 1.2 在实验箱上插接全部线路，并认真复查。

2) 对自装万用表进行校验

(1) 校验电阻挡

① 将换挡开关置于 Ω 挡。

② 调零：将两个测量表笔短接，调节 R_W，使表针指在 0Ω 处。

③ 测量中心阻值相对误差：用所装万用表测量图 1.3 中的标准电阻 R_{ab}，调节电阻箱的阻值，使表针在标称中心阻值处，记录 $R_{ab}=$________Ω。则有

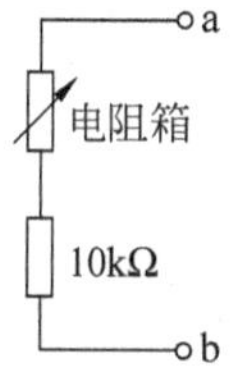

图 1.3 标准电阻 R_{ab} 的电路图

$$\text{中心阻值相对误差}=\frac{\text{被校表标称中心阻值}-R_{ab}}{R_{ab}}\times 100\%$$

(2) 校验直流电压挡

① 将换挡开关置于 2V 挡。

② 按图 1.4 接线，其中 V_1 是标准表，V_2 是被校表。通电前，应将滑线变阻器 R 调于最小输出位置。

③ 将电源电压 U 调到 2.5V 左右，再调节滑线变阻器，使被校表读数 U_2 依次为表 1.2 所列各值，同时分别记下对应的标准表读数 U_1。

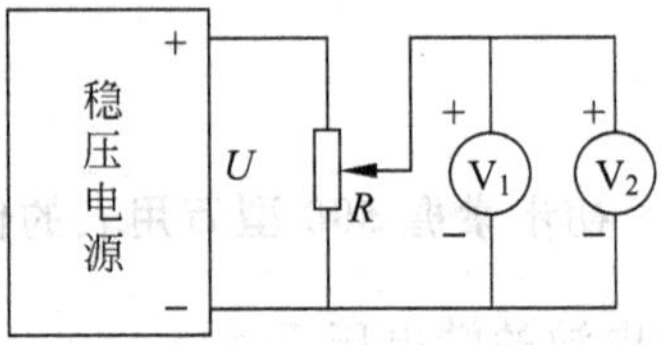

图 1.4 万用表电压挡的校验电路图

表 1.2

U_2/V	0.4	0.8	1.2	1.6	2.0
U_1/V					
β					

④ 计算各次测量的满刻度相对误差 β(引用误差)：

$$\beta=\frac{U_2-U_1}{\text{被校表量程}}\times 100\%$$

(3) 校检直流电流挡

将换挡开关置于 5mA 电流挡，将电源电压 U 调到 6V。按图 1.5 接线，其中 mA_1 为标准表，mA_2 为被校表。依照电压挡的检验方法，完成表 1.3 的测量及计算任务。

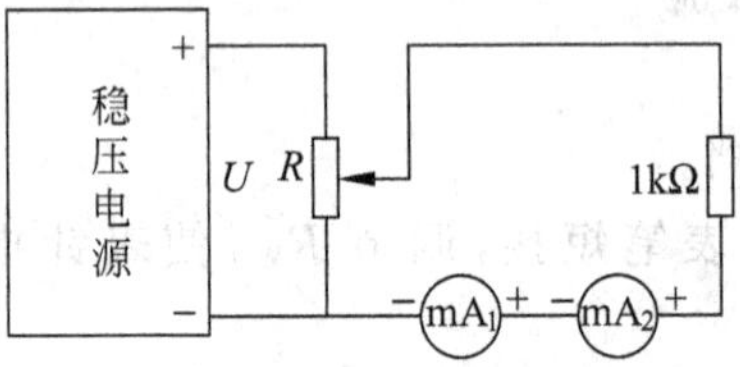

图 1.5 万用表电流挡的校验电路图

表 1.3

I_2/mA	1	2	3	4	5
I_1/mA					
β					

$$\beta=\frac{I_2-I_1}{\text{被校表量程}}\times 100\%$$

思考题：在图 1.5 中，1kΩ 电阻的作用是什么？

实验 1-3　研究电工仪表对被测电路的影响

按图 1.6 接线。分别用 500 型万用表的直流电压挡和 0.5 级标准直流电压表测量 A、B 两点间的电压，记录测量结果。A、B 两点间的电压理论值应该是 5V，这两块表的测量误差是多少？记下这两块表的内阻并分析。

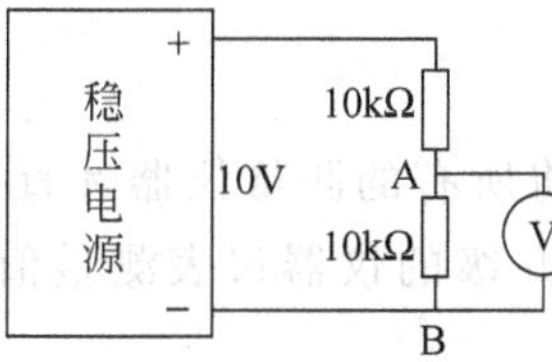

图 1.6　电压测量电路图

实验 1-4　设计型实验：验证戴维南定理

现有晶体管稳压电源一台（电压调节范围 0～30V），万用表一台，标准电阻箱一台，10kΩ 电阻两个，1kΩ 电阻 1 个。试设计一种验证戴维南定理的方法，画出实验电路图，写出实验步骤，记录实验数据，并进行分析。

6. 总结要求

(1) 说明自装万用表的质量指标如何，并简要分析误差原因。

直流电压挡、直流电流挡的准确度等级确定方法如下：

若某一挡（如直流 2V 挡）校验数据中

$$|\beta|_{\max} \leqslant 2.5\%$$

则该挡准确度等级不低于 2.5 级。

(2) 讨论实验 1-3 的测量结果。

(3) 整理思考题的答案，并回答如下问题：

① 自装万用表处于电阻挡时，红（接＋号端子）、黑（接 * 号端子）两表笔中，哪只电位高，哪只电位低？试述利用万用表 Ω 挡鉴别二极管极性的方法。

② 在用万用表电阻挡测量电阻之前，需要做哪些准备工作？为什么？

附录　测量仪表的准确度与灵敏度

1. 误差及表达形式

将用实验手段测出的被测量的测量值与该量的标准值进行比较，其差值称为误差。有 3 类量值常被用作被测量的标准值。

1）真值(A_0)

真值就是被测量本身的真实值。真值一般是不可测出来的，因此真值也称为理论值或定义值。

2）指定值(A_s)

由国际组织或国家测量局设立各种标准器，并以它的测量值作为一种测量标准，这种标准值称为指定值。

3）实际值(A)

在一般测量工作中，不可能将所有的测量仪器都直接与国际或国家标准器进行校准，而只能用准确度高一级或高几级的仪器仪表测量值作为标准，这种标准值称为实际值。

4）误差的表示方法

(1) 绝对误差 ΔX

$$\Delta X = X - A$$

式中，X——测量值(也称为示值)；

A——实际值。

(2) 相对误差 Δr

实际相对误差：$\Delta r_1 = \dfrac{X-A}{A} \times 100\%$

示值相对误差：$\Delta r_2 = \dfrac{X-A}{X} \times 100\%$

引用误差(即满刻度相对误差)：$\Delta r_3 = \dfrac{X-A}{X_m} \times 100\%$

式中，X——测量值；

A——实际值；

X_m——上量限值(即满刻度值)。

2. 电工仪表的准确度等级

在规定的工作条件下，由于仪表本身的原因造成的测量误差称为基本误差，由于使用不当(即工作条件不符合规定)而造成的除基本误差之外的误差称为附加误差。

因为仪表在不同刻度点的绝对误差略有不同，所以一般电工仪表的基本误差($\pm K\%$)常用最大的引用误差来表示，即

$$\pm K\% = \frac{(X-A)_{max}}{X_m} \times 100\%$$

其中 K 称为仪表的准确度。

我国的仪表按其准确度共分为0.1、0.2、0.5、1.0、2.0、2.5、5.0七个等级。0.1、

0.2级仪表通常选作标准表；0.5～2.0级仪表多用于实验室；2.5、5.0级仪表通常用于要求不高的工程测量。

由上面的公式可知，测量时可能产生的最大绝对误差为

$$(X-A)_{max}=\pm K\% \cdot X_m$$

若读数为 X，则测量结果可能出现的最大相对误差 Δr 为

$$\Delta r=\frac{\pm K\% \cdot X_m}{X}$$

例如，500型万用表直流电压挡的准确度等级为2.5，若用此表50V量程挡去量30V电压，可能出现的最大绝对误差是

$$\pm 2.5\% \times 50=\pm 1.25(\mathrm{V})$$

最大的相对误差为

$$\frac{\pm 2.5\% \times 50}{30}=\pm 4.1\%$$

若用此表500V量程挡去量同一个电压，则可能出现的最大绝对误差是

$$\pm 2.5\% \times 500=\pm 12.5(\mathrm{V})$$

而最大的相对误差是

$$\frac{\pm 2.5\% \times 500}{30}=41\%$$

仪表误差占被测量的41%，测量结果就不可信了。由此可见，测量结果的准确度不仅与仪表的准确度有关，而且还与被测量的大小有关。所用仪表确定后，选用的量程越接近被测量值，测量结果的误差就越小。这就是使指针偏转角大于满刻度的2/3以上才读取测量结果的原因。

3. 准确度等级的确定

以校验电压表10V挡(直流)为例。若假定被校表 V_x 为2.0级，按规定要选用准确度比被校表高两级的表作为标准表，所以选用0.5级表 V_A 作为标准表。按图1.7所示接线。

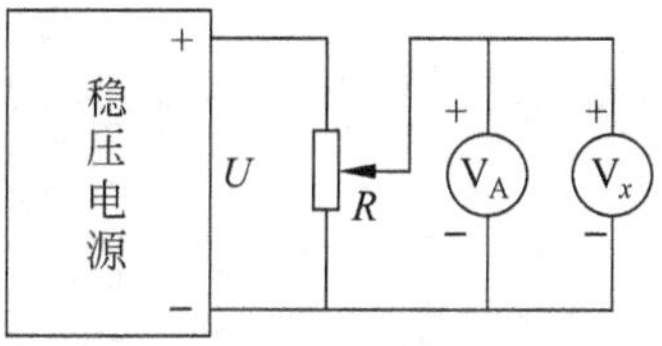

图1.7　校验电压表的接线图

选取几个数据点来进行校验，记录数据并进行计算。

若

$$\frac{|(X-A)_{\max}|}{X_m}\times 100\% = \frac{|(X-A)_{\max}|}{10}\times 100\% \leqslant 2.0\%$$

则该表可定为2.0级。

若

$$\frac{|(X-A)_{\max}|}{X_m}\times 100\% = \frac{|(X-A)_{\max}|}{10}\times 100\% > 2.0\%$$

则应降低标准表的准确度等级，再按上述做法重新校核。

4. 灵敏度

灵敏度用来表示仪表对被测量的反应能力，它反映了仪表所能测量的最小被测量。在指示仪表中，被测量的变化将引起仪表的可动部分偏转角变化，如果被测量变化了ΔX，引起偏转角相应变化$\Delta\alpha$，则$\Delta\alpha$与ΔX的比值就是仪表的灵敏度，用S表示，即

$$S=\frac{\Delta\alpha}{\Delta X}$$

若灵敏度过高，量限可能过小，故不能单纯追求高灵敏度；而灵敏度过低，又不能反应被测量较小的变化。

万用表电压挡的灵敏度是用Ω/V来表示的。例如500型万用表500V以下的直流电压挡灵敏度为20 000Ω/V，这就是说，500V以下的直流电压各挡，表头的满偏电流为

$$1\text{V}/20\,000\Omega = 5.0\times 10^{-5}\text{A} = 50\mu\text{A}$$

选用50V挡去量电压时，此表的内阻为

$$20\,000\Omega/\text{V}\times 50\text{V} = 1\times 10^{6}\Omega = 1000\text{k}\Omega$$

若选用10V挡去量电压时，此表的内阻为

$$20\,000\Omega/\text{V}\times 10\text{V} = 2\times 10^{5}\Omega = 200\text{k}\Omega$$

由此可进一步分析仪表对被测线路的影响。

实验 2　*RLC* 串联电路的频率特性

1. 实验目的

（1）测量 *RLC* 串联电路电流响应的幅频特性。

（2）研究串联谐振现象及特点。

（3）研究元件参数对电路频率特性的影响。

（4）熟悉测量仪器、仪表的使用方法。

2. 实验仪器和设备

（1）函数信号发生器（型号：AFG310）。

（2）数字存储示波器（型号：DS1062CA）。

（3）双路智能数字交流毫伏表（型号：YB2173F）。

（4）数字万用表（型号：FLUKE 17B）。

（5）九孔实验板，电阻、电容、电感线圈、实验导线等元件。九孔板是用来插接元件及导线实现电路连接的实验板，如图 2.1 所示。板上用线条连接的 9 个孔是电连接到一起的，只要在板上适当插接元件，就可以组成电路。

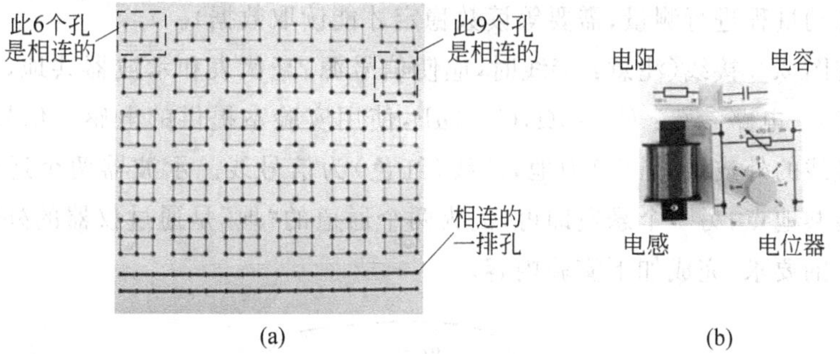

(a)　　　　(b)

图 2.1　九孔实验板

(a) 九孔板的外形；(b) 电路元件

3. 预习内容

（1）阅读各项实验内容，看懂有关原理，明确实验目的。详细阅读各种仪器的使用说明，掌握实验中要用到的各种仪器的使用方法，特别是 AFG310 型函数信号发生器、DS1062CA 型数字存储示波器的使用方法。而 YB2173F 型双路智能数字交流毫伏表只有显示单位需要调节（mV/dB，本实验中以 mV 为单位显示），使用比较简单。

主要仪器使用要点：

AFG310 型函数信号发生器：如何输出正弦波，如何调节频率和输出电压。

DS1062CA 型数字存储示波器：如何得到稳定的信号波形，如何调节、测量信号的电压，如何显示李萨如图形。需详细阅读示波器的使用说明，实验时用心练习使用。

(2) 图 2.2 中，设外接电阻 $R=10\Omega$，电感线圈的直流电阻 $r\approx19\Omega$(可以用万用表测量电感线圈的直流电阻)，$L\approx96\text{mH}$，电容 $C=1\mu\text{F}$，$U(f)=$ 常数(2V)。(注：实验时要根据电感的实际数据进行核算。)

① 写出 $I(f)$的表达式；

② 求电路的谐振频率 f_0 及谐振时的电流 I_0；

③ 求 $I(f)$的通频带宽度 Δf；

④ 电路发生谐振时，$U_C/U=$________。

(3) 图 2.2 中，若电阻 $R=30\Omega$，$I(f)$的通频带宽度 Δf 又为多少？

4. 实验内容

实验 2-1 *RLC* 串联电路的幅频特性测量及相频特性测量(1)

接线前先用万用表测量并记录电感的直流电阻(注意，如果用 FLUKE 17B 万用表电阻挡的自动量程进行测量，需要等读数稳定才能读取数据)。

然后按图 2.2 接线(注意：接线时，应使信号源、毫伏表和示波器共地，否则容易引入信号干扰)。电路参数：$R=10\Omega$，$C=1\mu\text{F}$，使用实验室提供的电感。信号源、毫伏表和示波器接线的外皮线(黑色)为地，芯线(红色)为信号线。示波器两个通道接线中的一个"地"接共地点，另一个悬空即可(因为两个通道的"地"是通过仪器的外壳相连的)，参照表 2.1 的要求，完成如下实验内容。

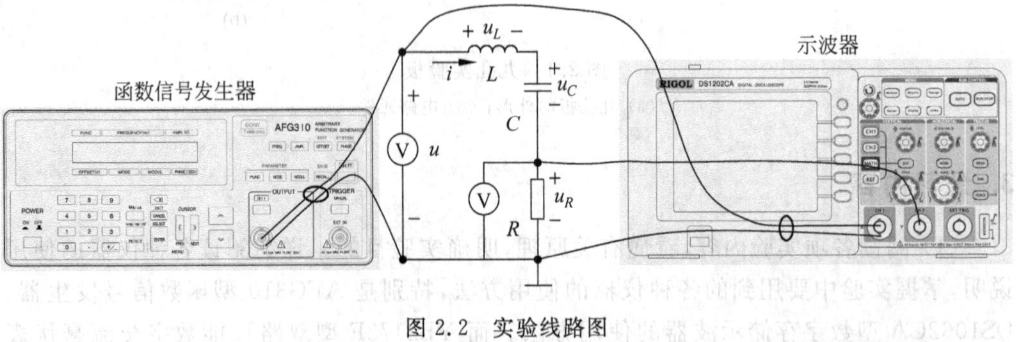

图 2.2 实验线路图

表　2.1

$C=1\mu F$	$R=$________, $L=$________, $f_0=$________, $\Delta f=$________										
U/V	2	2	2	2	2	2	2	2	2	2	2
f/Hz						f_0					
I/mA											
φ_{ui} $\begin{cases}>0\\=0\\<0\end{cases}$											
U_C/V											
U_L/V											
U_{C-L}/V											
U_R/V											

注：此表需在谐振频率 f_0 附近增加频率测量点。

1）测量谐振曲线 $I(f)$

先测量谐振状态下的电流 I_0，并记录电压 U_L、U_C、U_{C-L}和 U_R；然后再调整信号源频率（注意：使函数信号源输出正弦波，并随时调节其输出电压，用毫伏表监测，保持信号源输出给电路的电压为 2V 不变），使其频率在 f_0 左右一个范围内变化，测量各频率点相应的电流 I。

(1) 使正弦信号源的频率等于核算值 f_0，电压 $U=2V$ 左右。

(2) 图 2.2 中，示波器 Y_1 通道显示总电压 u 的波形，Y_2 通道显示 u_R（即电流 i）的波形。在核算值 f_0 的基础上微调信号源频率，使 Y_1、Y_2 两波形同相，此时电路处于谐振状态。或应用李萨如图形法来判断谐振是否发生（参考本实验的附录）。谐振时信号源的频率即是谐振频率 f_0。记录相应的 U_C、U_L、U_{C-L}、U_R。

(3) 改变信号源频率（注意电源电压 $U=2V$ 保持不变。用毫伏表监测电路的输入电压，每改变一次频率就要调节一次信号源的输出电压），测取相应电流 I（可测量 U_R，通过计算得出 I）。按照表 2.1 的样式记录数据。

注：为了能够画出比较光滑的曲线，建议从谐振频率开始，分别增加或减小频率进行测量。即从谐振频率 f_0 开始，频率每变化 5Hz 测量 5 个点，变化 10Hz 测量 4 个点，变化 20Hz 测量两个点，变化 50Hz 测量两个点。

2）*RLC* 串联电路相频特性的定性观察

用示波器定性观察 $\varphi_{ui}(f)$ 的波形，将结果填入表 2.1 中。

实验 2-2　*RLC* 串联电路的幅频特性测量及相频特性的观察(2)

更换外接电阻，使 $R=30\Omega$，其他参数如实验 2-1。重复实验 2-1 的实验过程。

实验 2-3　*RLC* 测量电路的幅频特性测量(3)

更换电容 $C=0.5\mu F$，其他参数同实验内容 2-1，重新实测振频率 f_0 以及谐振状态下的 I_0、U_C 和 U_L，注意保持 $U=2V$ 不变。

5. 总结要求

(1) 在同一坐标上面画出实验 2-1 和实验 2-2 的 $I(f)$ 曲线，比较二者之间的异同点。

(注：可以直接在坐标纸上画曲线，也可以使用绘图软件如 Origin 画曲线。)

(2) 已知实验中使用的 $1\mu F$ 电容的精确值为 $C=1.0481\mu F$，根据测量结果计算实验中所使用的电感值。

(3) 总结 *RLC* 串联电路发生谐振时所具有的特点，并结合本实验结果说明 U_{C-L} 为什么不等于 0。根据实验结果估算电感谐振时的电阻，研究电感谐振时的电阻为什么不等于直流电阻。

(4) 以实验为依据，从谐振频率 f_0、品质因数 Q、通频带宽度 Δf 等方面说明元件参数对电路频率特性的影响。

附录　李萨如图形法测谐振频率原理

由物理学可知，当一质点同时参与两个不同方向振动时，质点的位移是两个分位移的矢量和。在一般情况下，质点将在平面上作曲线运动。它的轨迹形状由两个振动的周期、振幅和相差所决定。若设两个揩振动分别在 x 轴和 y 轴上进行，其位移方程为

$$x = A_1\cos(\omega t+\varphi_1) \tag{1}$$

$$y = A_2\cos(\omega t+\varphi_2) \tag{2}$$

上述两方程是用参量 t 表示质点运动轨道的参量方程。质点的位置 $S(x,\ y)$ 随 t 改变。当 $\varphi_2-\varphi_1=0$，即两个振动的相位相同时，将第一式除以第二式，可消去参量 t，得

$$\frac{y}{x}=\frac{A_2}{A_1} \tag{3}$$

因此，质点的轨迹是通过坐标原点、斜率为 A_2/A_1 的一条直线(图 2.3)。

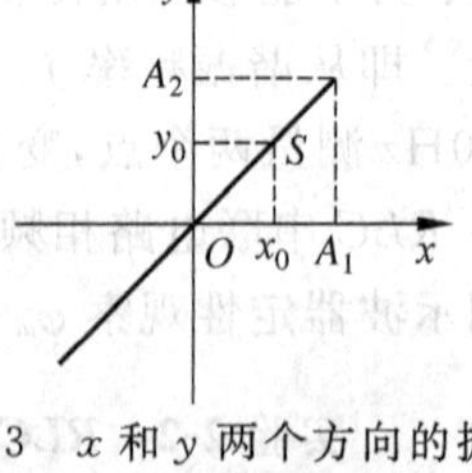

图 2.3　x 和 y 两个方向的振动同相时质点的轨迹

在任何时刻 t，质点离平衡位置的位移 $S=\sqrt{x^2+y^2}=\sqrt{A_1^2+A_2^2}\cos(\omega t+\varphi)$。其合振动也是谐振动。如果 $\varphi_2-\varphi_1\neq 0$ 或 π(相位差为 π 时，合振动是斜率为 $y/x=-A_2/A_1$ 的另一条直线)，质点的轨迹是椭圆(或圆)。

在示波器中，由示波管阴极发射出来的电子束，同时受到两对相互垂直的偏转板（即 x 轴方向和 y 轴方向）上的电压控制，其电子运动轨迹遵循上述原理。如果将 RLC 电路中的电压 u 和 u_R（与电流 i 同相）分别加于 x 轴和 y 轴偏转板上，若 u、i 同相，则示波器的显示（光点轨迹）为一条直线；若 u、i 不同相，则显示为一椭圆或圆。调节正弦信号源的频率，当示波器的显示为一条直线时，可判断电路发生了谐振，从而可测得谐振频率。

实验3　三相电路

1. 实验目的

(1) 掌握三相四线制电源的构成和使用方法；

(2) 掌握对称三相负载的线电压与相电压、线电流与相电流的关系；

(3) 了解中线在供电系统中的作用；

(4) 学习三相功率表的作用；

(5) 了解安全用电的常识。

2. 实验仪器和设备及注意事项

本实验所使用的设备为插板式、模块化结构，所有的实验板和仪表均插在实验架上，并且可以很容易地卸下，实验板可以因所做实验的不同而任意组合。做实验的同学不得自行将实验板卸下！不要动实验中不用的设备！如果实验设备有问题，请先关闭总电源，然后向老师说明情况，由老师更换实验板。

实验设备如图3.1～图3.5所示。其中图3.1所示为三相电源板和熔断器板，其上的L1、L2、L3分别对应于A、B、C三相；图3.2所示为三相负载板，每相负载为两个60W的灯泡串联；图3.3所示为三相瓦特计；图3.4所示为电流表和测电流插孔、电流表专用测试线；图3.5所示为交流电压表。

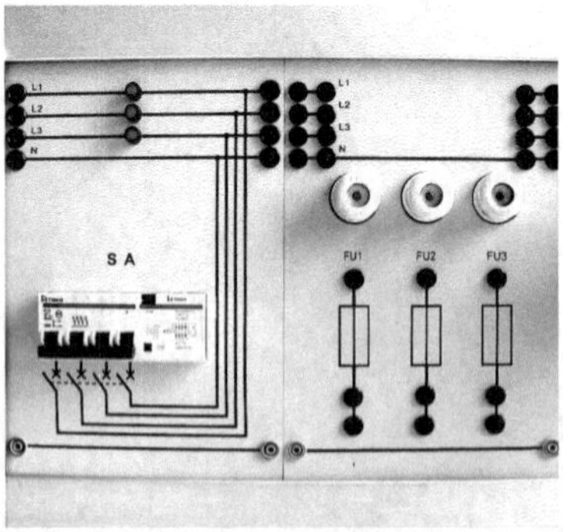

图3.1　三相电源板和熔断器板

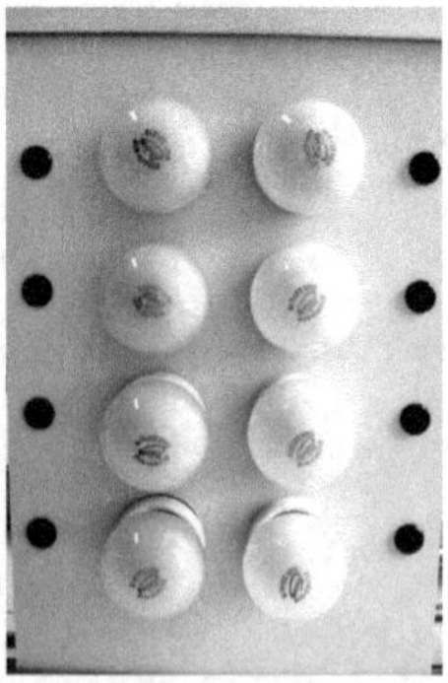

图3.2　三相负载板

3. 预习内容

(1) 阅读各项实验内容，理解有关原理，明确实验目的。

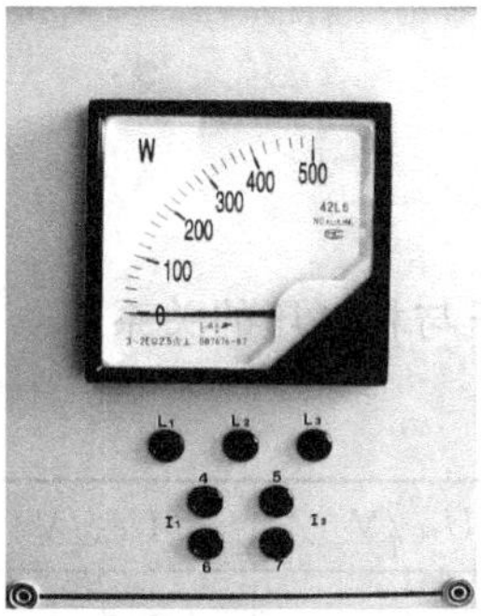

图 3.3 三相瓦特计

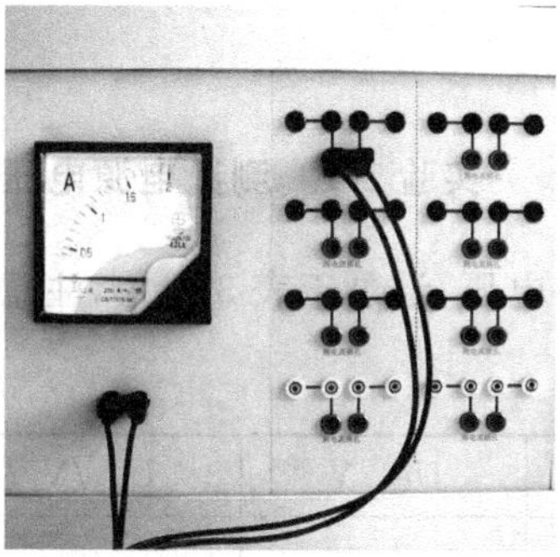

图 3.4 电流表和测电流插孔

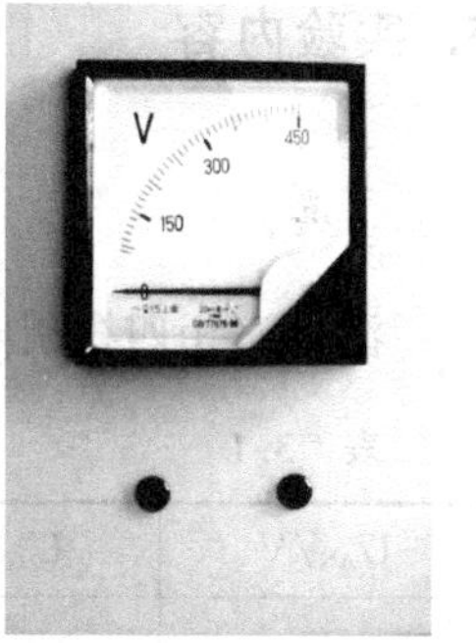

图 3.5 交流电压表

(2) 图 3.6 所示为测量Y形接法的负载接线图，在图中，设电源线电压 $U_1=380$V，A 相、B 相各为两个 60W 的灯泡串联，C 相为两个串联支路并联。灯丝电阻本来是非线性的，此处取额定条件下的电阻值，按线性考虑。

① 若不接中线，求 $U_{N'N}$ 及各相负载电压及电流；

② 若接上中线，求各相负载电流及中线电流。

(3) 阅读用电安全技术知识(参阅本实验的附录)。

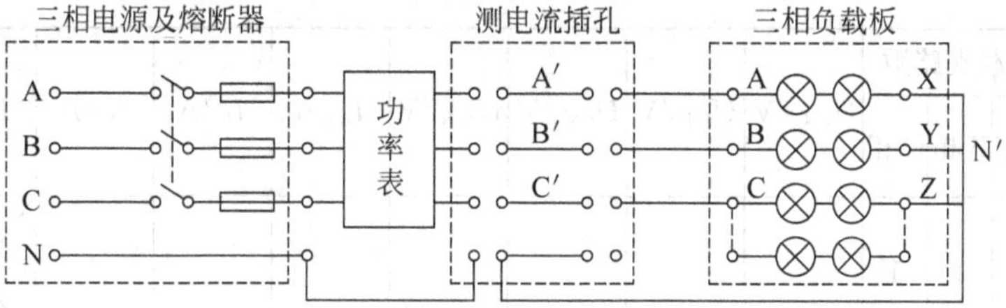

图 3.6 负载Y形接法的接线图

4. 安全用电规则

本实验所用电压较高(线电压 380V)，为确保人身安全，要求学生应遵守以下规则。

(1) 实验时不得接触任何金属部件。为了安全，使用了全封闭导线，不得用手或任何物品接触导线内部的金属线。

(2) 严禁带电拆、接线。接线时，要先接线，后闭合电源刀闸；拆线时，应先拉闸断电，后拆线。改接线路必须在断电的情况下进行。

(3) 单手操作。两个同学一组，实验时一个同学负责监督，发生问题立即关闭总电源。

5. 实验内容

实验 3-1 测量电源电压

测量三相四线制电源各电压，记录于表 3.1 中，注意线电压与相电压的关系。

表 3.1

U_{AN}/V	U_{BN}/V	U_{CN}/V	U_{AB}/V	U_{BC}/V	U_{CA}/V

实验 3-2 测量Y形接法各种负载情况下的电压、电流及功率

(1) 按图 3.6 接线。为了能方便地用一块电流表测量多处电流，线路中预先串入多个“测电流插孔”，电流表接上专用的测试线。不测电流时用短路桥短接测电流插孔，测电流时插上测电流测试线，然后拔下短路桥(参考图 3.4)。此种设计是为了避免同学们在实验中用电流表测试电压而使其损坏。将测量结果填入表 3.2 中。

表 3.2

<table>
<tr><td colspan="2" rowspan="2">测量值
项目</td><td colspan="3">负载支路数</td><td rowspan="2">$U_{AN'}$/V</td><td rowspan="2">$U_{BN'}$/V</td><td rowspan="2">$U_{CN'}$/V</td><td rowspan="2">$U_{N'N}$/V</td><td rowspan="2">I_A/A</td><td rowspan="2">I_B/A</td><td rowspan="2">I_C/A</td><td rowspan="2">I_O/A</td><td rowspan="2">P_Y/W</td></tr>
<tr><td>A相</td><td>B相</td><td>C相</td></tr>
<tr><td rowspan="2">Y形接法平衡负载</td><td>无中线</td><td>1</td><td>1</td><td>1</td><td></td><td></td><td></td><td></td><td></td><td></td><td></td><td></td><td></td></tr>
<tr><td>有中线</td><td>1</td><td>1</td><td>1</td><td></td><td></td><td></td><td></td><td></td><td></td><td></td><td></td><td></td></tr>
<tr><td rowspan="4">Y形接法不平衡负载</td><td rowspan="2">无中线</td><td>1</td><td>1</td><td>2</td><td></td><td></td><td></td><td></td><td></td><td></td><td></td><td></td><td></td></tr>
<tr><td>断开</td><td>1</td><td>2</td><td></td><td></td><td></td><td></td><td></td><td></td><td></td><td></td><td></td></tr>
<tr><td rowspan="2">有中线</td><td>1</td><td>1</td><td>2</td><td></td><td></td><td></td><td></td><td></td><td></td><td></td><td></td><td></td></tr>
<tr><td>断开</td><td>1</td><td>2</td><td></td><td></td><td></td><td></td><td></td><td></td><td></td><td></td><td></td></tr>
</table>

思考题：将Y形接法不对称负载情况下的测量结果与预习计算值比较，计算灯丝在不同电压下的电阻值，并与额定条件下的电阻值比较，说明灯丝电阻的非线性。

(2) 本实验中用三相瓦特计测量无中线时的三相功率，属于两表测量法。有中线且

负载不对称时必须用三只单相瓦特计测量功率，因此本实验中对于有中线且负载不对称的情况，瓦特计读数没有意义。三相瓦特计的接线法见图 3.7。

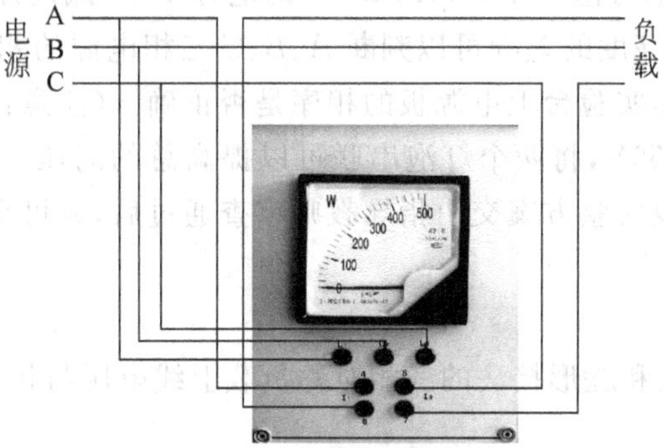

图 3.7　三相瓦特计的接线图

实验 3-3　测量△形接法各种负载情况下的电压、电流及功率

(1) 将图 3.6 中的中线和 X、Y、Z 间的连线拆除，然后按图 3.8 所示接线；

(2) 按表 3.3(△形接法测量数据表)完成各项测量。

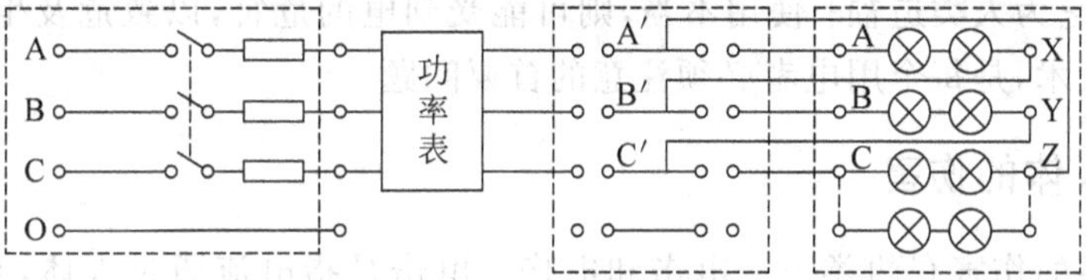

图 3.8　负载△形接法的接线图

表　3.3

项目 \ 测量值		负载支路数 AB相	负载支路数 BC相	负载支路数 CA相	U_{AB}/V	U_{BC}/V	U_{CA}/V	I_A/A	I_B/A	I_C/A	I_{AB}/A	I_{BC}/A	I_{CA}/A	$P_\triangle$/W
负载△形接法	对称	1	1	1										
	不对称	1	1	2										

实验 3-4 设计型实验：三相交流电的相序指示器

现有 60W/220V 的灯泡 4 个，2μF/450V 的电容 1 个，试设计一个三相交流电的相序指示器，要求用灯泡亮度的差异可以判断 A、B、C 三相电源的相序。设计该实验的电路图，说明原理，并判断实验台上电源板的相序是否正确。（注意：实验台上的线电压是 380V，灯泡的耐压是 250V，将两个灯泡串联可以提高总的耐压。不正确的设计可能会损坏灯泡！将电路图及实验方案交由指导教师审查通过后，方可允许进行实验。）

6. 总结要求

(1) 总结Y形接法和△形接法的三相对称负载上线电压与相电压、线电流与相电流的关系。

(2) 说明电源中线的作用以及实验应用中的注意事项。照明负载为什么必须有中线？

(3) 指出表 3.2 中所测得的功率数据中哪些数据是没有意义的。

附录 用电安全技术知识

随着我国工业化水平的提高，各行业乃至普通家庭的用电范围不断扩大。正确使用电能，可使它为人类造福；使用不当，则可能受到电的危害，以致危及生命。因此，掌握用电安全技术，是每个用电者必须注意的首要问题。

1. 电流对人体的伤害

电对人体的伤害有两类——电击和电伤。电击是指电流通过人体，它影响人体的呼吸、心脏、神经系统，造成局部组织破坏，甚至导致人体死亡；电伤是指电对人体的外部伤害，如电弧烧伤。一般触电事故基本上都是电击所致。电击对人体的伤害程度与通过人体电流的大小、频率、持续时间，电流通过人体的路径以及人体健康状况等因素有关。根据触电事故的分析统计资料，将电流对人体的作用列于表 3.4 供参考。

表 3.4

电流/mA	作用特征	
	56～60Hz 交流	直流
0.6～1.5	手指有感觉——手轻微颤抖	无感觉
2～3	手指强烈颤抖	无感觉
5～7	手部痉挛	感觉痒和热
8～10	手已经难以摆脱电极，但还能摆脱，手指尖到手腕剧痛	热感觉增强

续表

电流/mA	作用特征	
	56～60Hz交流	直流
20～25	手迅速麻木，不能摆脱电极，剧痛，呼吸困难	热感觉大大加强，手部肌肉不强烈收缩
50～80	呼吸麻痹，心房开始震颤	强烈的热感觉，手部肌肉收缩、痉挛、呼吸困难
90～100	呼吸麻痹，延续3s或更长时间——心脏麻痹、心房震颤	呼吸麻痹
300以上	作用0.1s以上时，呼吸和心脏麻痹，机体组织遭到电流的热破坏	

注：此表摘自《用电安全技术》1977年2月版。

通过人体的电流取决于外加电压和人体电阻，人体电阻又与皮肤角质层厚度、表皮潮湿程度、接触面积和接触压力等因素有关，一般约在几千欧至10 000Ω之间。

从表3.4可以看出，通过人体的电流越大，持续时间越长，危险性就越大。因此，限制或减少通过人体的事故电流，就成为用电安全技术中必须解决的基本问题。

2. 保护接零和保护接地

1）定义和适用场合

保护接零是把电气设备的金属外壳与电网零线相连接；保护接地是把电气设备的金属外壳与地线相连接。

保护接零适用于380V/220V的三相四线制系统和变压器中性点直接接地系统中，作为安全保护措施。保护接地则适用于变压器中性点不直接接地的三相系统。

2）保护接地原理简介

（1）当供电系统中点不接地，用电设备又无保护接地时，若某相带电部分碰触用电设备外壳（见图3.9），事故电流 i 将通过人体和电网与大地间的绝缘电阻和电容形成回路（图中仅用电阻 R_1 表示）。绝缘电阻越小或对地电容越大，则通过人体的电流越大。

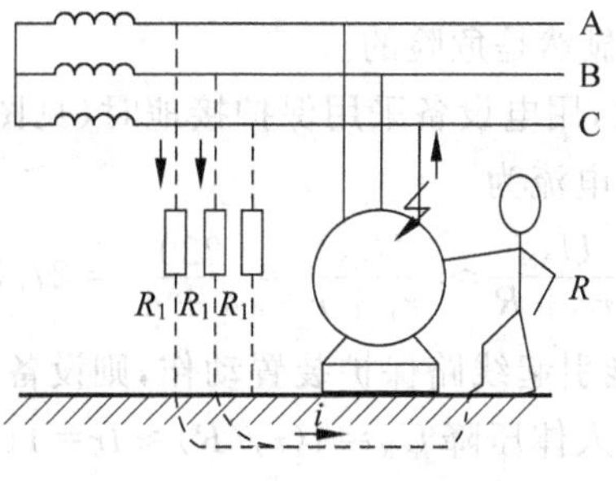

图　3.9

(2) 当供电系统中点不接地，而用电设备有保护接地时，设C相碰触用电设备外壳(如图3.10所示)，则在线电压U_{AC}、U_{BC}的作用下形成事故电流i。通常，导线与地的绝缘电阻R_1比较大，所以对人体电阻R来说，i近似为恒流。而设备外壳接地(接地电阻设为r，r值通常小于4Ω)，由于$r \ll R$，事故电流i的大部分将被r分流，从而保证了人身安全。

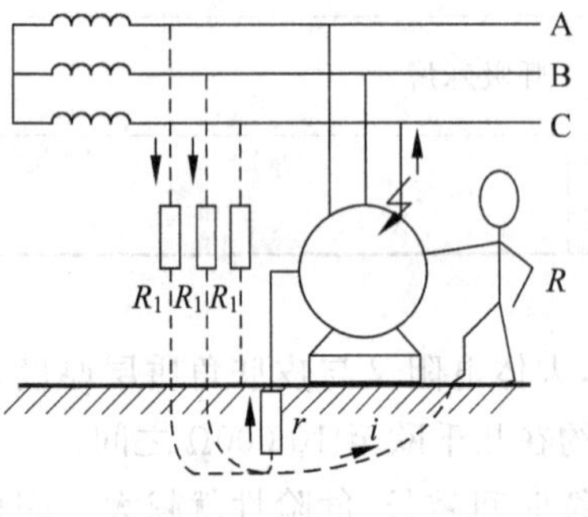

图 3.10

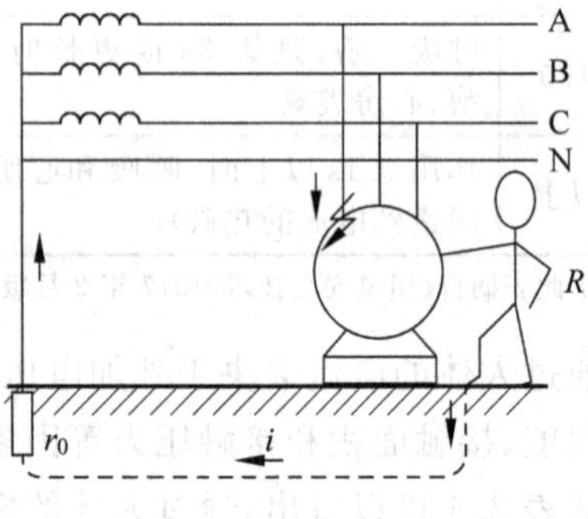

图 3.11

3) 保护接零原理简介

(1) 当系统中性点接地，用电设备无接地、接零保护时(如图3.11所示)。若此三相四线制(380V/220V)供电系统中，A相与用电设备外壳碰触，当人体触及用电设备时，通过人体构成回路中的电流为

$$I = \frac{U_{AN}}{r_0 + R}$$

式中，U_{AN}为电源的相电压(220V)，R和r_0分别为人体和接地体电阻。

设

$$r_0 = 4\Omega, \quad R = 1000\Omega$$

则

$$I = \frac{U_{AN}}{r_0 + R} \approx \frac{220}{1000} = 0.22(\text{A})$$

这样大的工频电流，对人体显然是危险的。

(2) 当系统中性点接地，用电设备采用保护接地时(见图3.12)，保护接地电阻r与人体电阻R相并联，其事故电流为

$$I = \frac{U_{AN}}{r_0 + R} \approx \frac{U_{AN}}{r_0 + r} = \frac{220}{4+4} = 27.5(\text{A})$$

这样大的事故电流如果不能引起线路保护装置动作，则设备外壳上的危险电压将会长期存在，人体接触设备外壳时，人体压降$U_R = I(r /\!/ R) \approx Ir = 110\text{V}$，设人体电阻为1kΩ，人体电流将达到110mA。因此，对中性点接地的系统，若采用保护接地，不能达到保护目的。

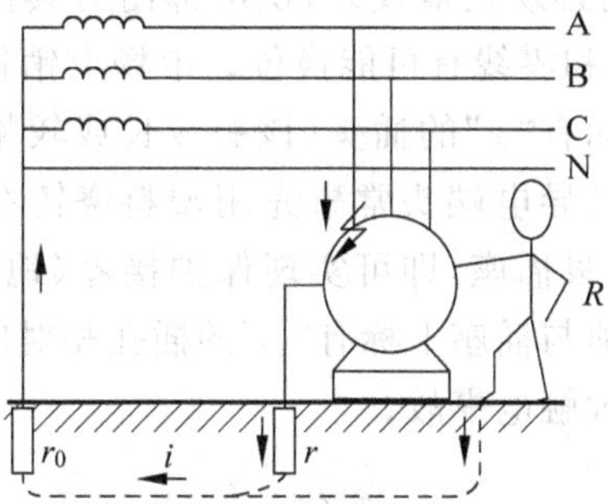

图　3.12

(3) 对中性点接地系统,用电设备采用保护接零时(见图3.13),当A相带电部分碰触外壳时,可通过外壳的保护接零线使A相形成单相短路,并使线路过流保护装置或短路保护装置迅速切断电源,从而保证了人身安全。

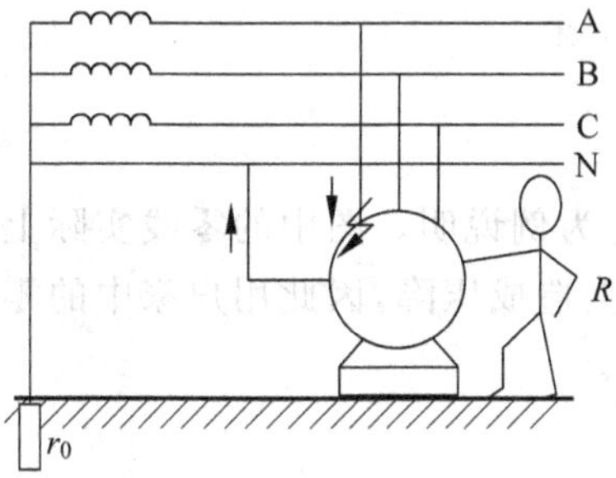

图　3.13

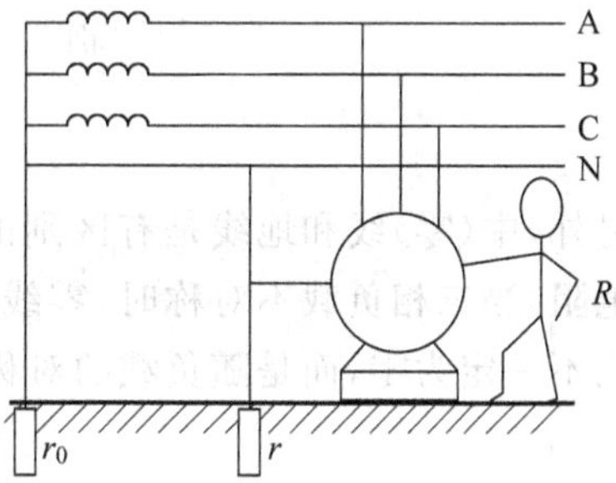

图　3.14

当零线细且长时,由于短路电流在零线上形成短路压降,会使带电设备外壳上的电位高于地电位。因此,在设备外壳的保护接零处再重复接地(见图3.14),安全性会更大些。

4) 简要结论

(1) 对中性点不接地的供电系统,用电设备必须采用接地保护。

(2) 对中性点接地的三相四线制供电系统,不允许用电设备外壳单纯采用保护接地,而必须采用保护接零。

3. 用电器单相三脚插头与插座的连接

单相电源插座有两眼插座、三眼插座两种。两眼插座适用于不需要保护接零、接地的场合。市场上销售的改进型单相三眼插座和插头(见图3.15),则可接零(地)。通常,插座上标有“L”的插孔接火线,标有“N”的插孔接零线,标有“⏚”的插孔接地线。但在电气施工时，除标有“⏚”的插孔必须接地线外，供电部门对其他两插孔的连接并无严格要求，故在安装或检修时，火线和零线有可能换位。市场上销售的单相电器，如洗衣机、电风扇等，其三脚电源插头上标有“⏚”的插头（该头较长或较粗）是接设备金属外壳的，与其他两端间均不连通，而且三导电端头常事先用塑料浇铸在一起。使用时只要将设备电源插头插入建筑物上的三眼插座，即可实现保护接零（地）。若加接设备电源三眼插座，设备外壳的引线端间必须与插座上标有“⏚”的插孔相对应，切不可用煤气管、暖气管等作接地装置，否则可能导致触电事故。

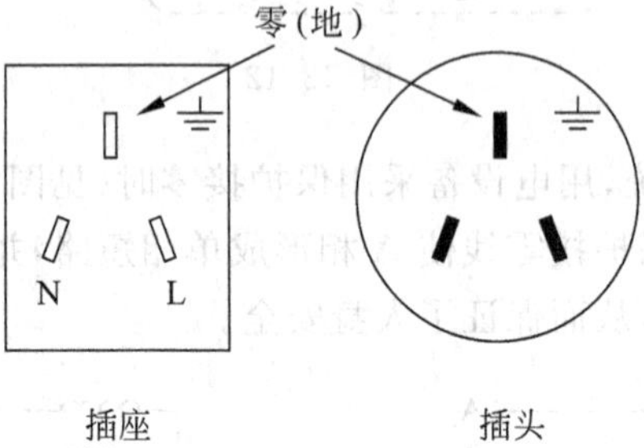

图 3.15

另外，中（零）线和地线是有区别的，以图 3.11 为例说明。图中的零线实际上含有线路电阻，当三相负载不对称时，零线电流在电阻上造成压降，因此用户家中的零线对地电位不一定为零，而是随负载的对称程度而波动。

实验4　RC 电路的过渡过程

1. 实验目的

（1）研究一阶 RC 电路的阶跃响应和零输入响应；

（2）研究连续方波电压输入时，RC 电路的输出波形。

2. 实验仪器和设备

（1）数字存储示波器(型号：DS1062CA)；

（2）函数信号发生器(型号：AFG310)；

（3）直流稳压电源(型号：LPS202)；

（4）九孔实验板，电阻、电容、实验导线等元件。

3. 预习内容

（1）阅读各项实验内容，看懂有关原理，明确实验目的。详细阅读各种仪器的使用说明，掌握实验中要用到的各种仪器的使用方法。

主要仪器使用要点：

DS1062CA 型数字存储示波器：如何利用外触发，使用单次触发功能，显示单次信号波形，以及如何利用示波器的追踪光标测量时间常数。

AFG310 型函数信号发生器：如何输出方波，如何调节方波的频率和输出电压幅度。

（2）图 4.1 中，$R=10\text{k}\Omega$，$C=10\mu\text{F}$，求电路的时间常数 τ。

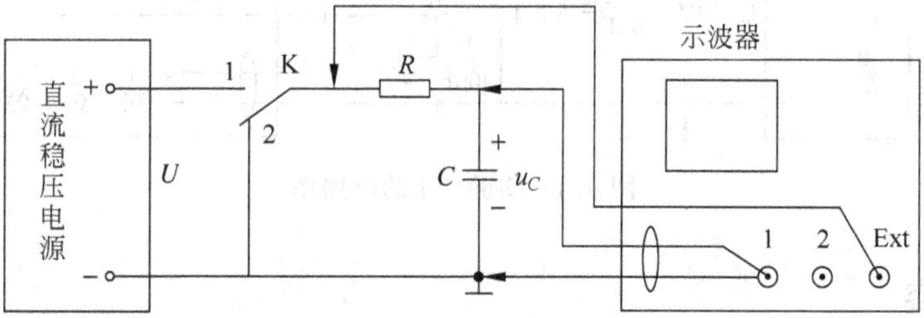

图 4.1　实验 4-1 的电路图

（3）图 4.2(a)中，RC 电路与方波发生器已接通很长时间，输入方波波形见图 4.2(b)，其幅度为 5V，周期 1ms，频率 1kHz，占空比(1－0.5)/1＝50％。

① 若 $R=10\text{k}\Omega$，$C=5600\text{pF}$，试分别画出 u_R 和 u_C 的波形。

② 若 $R=100\text{k}\Omega$，$C=5600\text{pF}$，试分别画出 u_R 和 u_C 的波形。

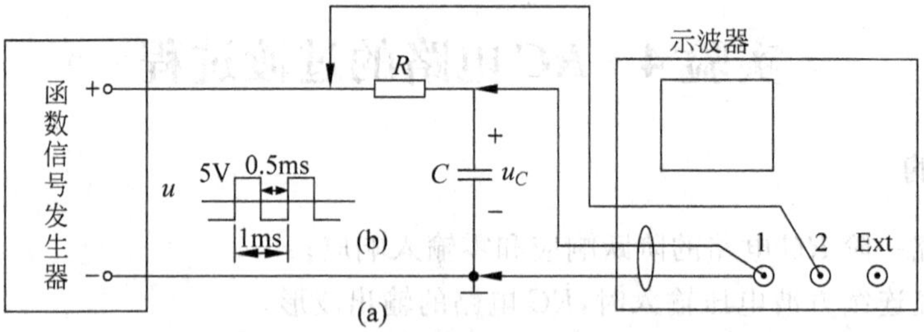

图 4.2　实验 4-2 的电路图

(4) 图 4.3,定性画出当 C_1 大于、等于、小于 560pF 三种情况下 u_{C2} 的波形图。

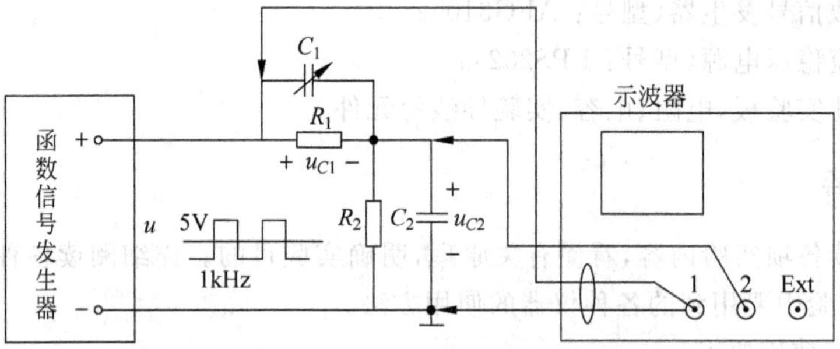

图 4.3　实验 4-3 的电路图

(5) 定性画出图 4.4 换路后 u_{C2} 的波形图。

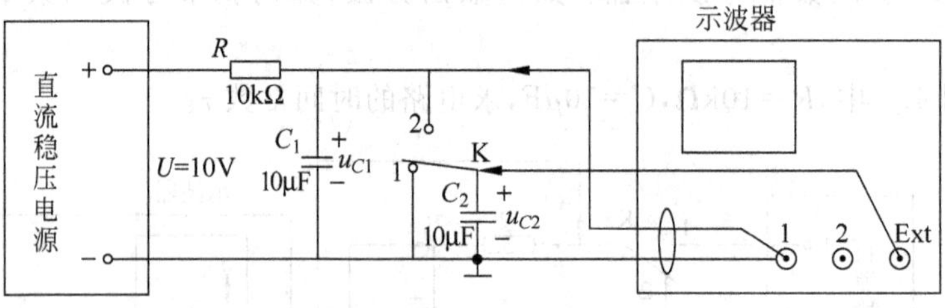

图 4.4　实验 4-4 的电路图

4. 实验内容

实验 4-1　*RC* 电路的过渡过程

(1) 按图 4.1 接线,图中 $R=10\text{k}\Omega$,$C=10\mu\text{F}$,$U=6\text{V}$。

(2) DS1062CA 示波器的调整。

① 此电路使用 DS1062CA 示波器的"1"通道及外触发输入。首先将"1"通道的输

入耦合模式设置为“直流”。

操作过程：按 CH1 键，显示其调整菜单。然后按耦合菜单操作键，显示耦合子菜单。旋转多功能旋钮选择“直流”，然后按旋钮确定。

② 为了观察到完整的波形，作如下调整。

将通道“1”的垂直幅度调整为1V/Div。

操作过程：调整垂直(VERTICAL)区中的 SCALE 旋钮，使屏幕左下角的字符“CH1”后的数字为1V。调整 POSITION 旋钮，使垂直基线处于屏幕离最下方一个格的位置。

将扫描时间设置为“50ms”。

操作过程：旋转水平(HORIZONTAL)区中的 SCALE 旋钮，使扫描时间为“50ms”。调整 POSITION 旋钮，使波形的起始点处于屏幕离最左方一个格的位置。

③ 将触发模式设置为“单次”、“上升沿触发”。

操作过程：按触发(TRIGGER)控制区的 MENU 键，显示相应的菜单。在“触发模式”中选择“边沿触发”；在信源类型中选择“EXT”；在边沿类型中选择“”。

④ 将波形保持设置为“无限”。

操作过程：按 MENU 区中的 DISPLAY 键，将波形保持菜单设置为无限。

最后，按运行控制(RUN CONTROL)区中的 RUN/STOP 键，使其显示为黄色，且等显示屏左上角显示“WAIT”字符，此时示波器处于等待状态。

(3) 观察 u_C 充电波形，测定时间常数。

① 观察充电波形。将电路中K由“2”合向“1”，示波器上将显示电容充电过渡过程曲线，当过渡过程基本结束时 RUN/STOP 键变为红色，同时屏幕的左上角字符变为“STOP”。这时曲线冻结，单次信号被显示在屏幕上。

② 利用光标追踪功能测量时间常数。

操作过程：按 MENU 区中的 Cursor 按键，显示光标菜单。在光标模式菜单中选择“追踪”。此时在屏幕上显示两对光标，分别是光标A和光标B。两对光标的交叉点已经对准了波形曲线(如果没有对准，按 CH1 键便会自动追踪曲线)。旋转多功能旋钮时有一对光标沿曲线移动，按使其位置固定。再旋转时另一对光标移动。两对光标的位置差 ΔX 和 ΔY 同时在屏幕菜单中显示。

先将一对光标固定在波形的起始点位置，移动另一对光标，使 ΔY 等于最大值的63.2%时，ΔX 的值便是时间常数。

如果要将波形存储在U盘中，将U盘插入USB接口，进行如下操作：按 MENU 区中的 Storage 键，设置存储类型为“位图存储”。选择外部存储菜单后弹出文件操作界面，结合多功能旋钮和菜单，可以完成“删除文件”、“新建文件”和“保存”等操作。

将开关K由“1”合向“2”，可以得到电容的放电过程波形。

(4) 更换电阻，使$R=1\text{k}\Omega$，适当调整示波器(将扫描时间设置为10ms)，重复以上步骤。

实验 4-2 连续方波电压输入时 *RC* 串联电路的过渡过程

(1) 按图4.2接线，其中$C=5600\text{pF}$，按 AUTO 自动设置键，分别观察$R=10\text{k}\Omega$和$R=100\text{k}\Omega$两种情况下的u和u_C的波形，并定性记录(或存储)波形。

函数发生器输出方波的调整方法：FUNC →︽或︾选择 SQUA→ ENTER ；按FREQ键后光标处于频率读数中，按《或》移动光标位置，按︽或︾调整频率；按AMPL键后调整幅度，调整方法与频率类似。

(2) 将图4.2中的R和C互换位置，分别观察$R=10\text{k}\Omega$和$R=100\text{k}\Omega$两种情况下的u和u_R波形，并记录(或存储)波形。

实验 4-3 研究脉冲分压器的过渡过程

图4.3所示为一个脉冲分压器的电路，输入u为方波。图中$R_1=100\text{k}\Omega$，$R_2=10\text{k}\Omega$，$C_2=5600\text{pF}$，C_1为可变电容。

(1) 调节C_1使u_{C2}为前后沿较好的矩形波，记录此时的C_1值。

(2) 改变C_1的大小，观察u_{C2}波形的失真情况，研究C_1的大小与u_{C2}波形失真的关系。

实验 4-4 电容并联电路的过渡过程

实验电路如图4.4所示，$C_1=C_2=10\mu\text{F}$，换路前K处于“1”位置，$u_{C1}(0)=U=10\text{V}$，$u_{C2}(0)=0\text{V}$，示波器调整同实验4-1。$t=0$时，开关K合向“2”，观测换路前后$u_{C1}(t)$的波形，并记录或存储波形。

5. 总结要求

画出各实验内容的波形图，并与预习内容相比较。

实验5　继电器接触器控制电路

1. 实验目的

(1) 了解三相异步电动机的结构,熟悉其使用方法;

(2) 了解基本控制电器的主要结构和动作原理,掌握其在控制电路中的作用;

(3) 掌握几种典型控制环节;

(4) 培养连接、检查和操作简单控制电路的能力。

2. 实验仪器和设备

(1) 三相异步电动机(见图5.1);

(2) 按钮(见图5.2),交流接触器(见图5.3),电子式时间继电器(见图5.4),行程开关;

(3) 万用表。

图5.1　三相异步电动机

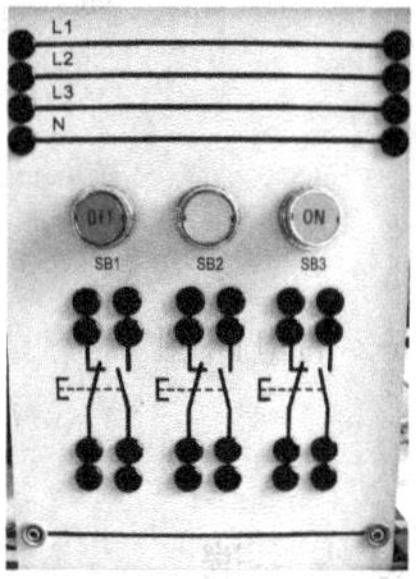

图5.2　按钮

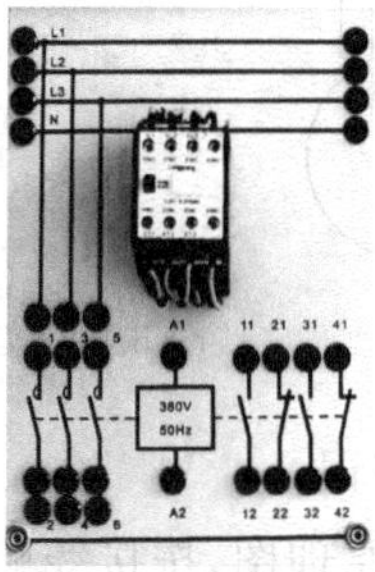

图5.3　交流接触器

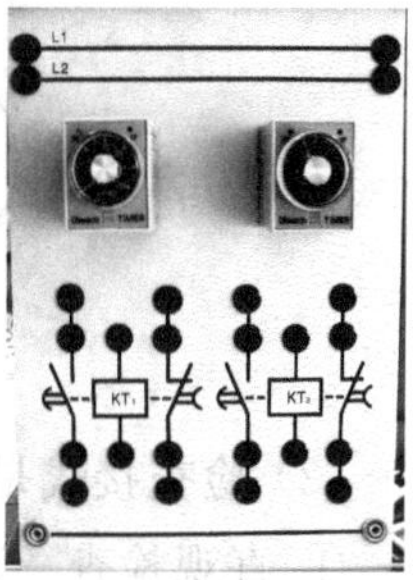

图5.4　时间继电器

3. 预习内容

阅读各项实验内容,理解有关原理,明确实验目的。

4. 实验内容

实验5-1　三相异步电动机的认识与检查

(1) 从外观上熟悉三相异步电动机的基本结构形式;观察电动机上的铭牌数据;根据实验室电源电压等级,判断电动机的额定接线方法应是△形接法还是Y形接法。

(2) 用万用表检查电动机三相绕组有无断线故障,测量并记录各相绕组的电阻值。

(3) 观察和熟悉接触器、热继电器、时间继电器、按钮及行程开关等电器的主要结构；分清各种触头、控制线圈、发热元件的接线插孔及面板符号；用万用表测量并记录接触器和时间继电器的线圈电阻。

实验 5-2　三相异步电动机的直接起动控制

(1) 图 5.5 为电机直接起动电路图，按图接线。先接主回路，电动机采用△形接法。后接控制电路，注意按节点编号顺序连接。

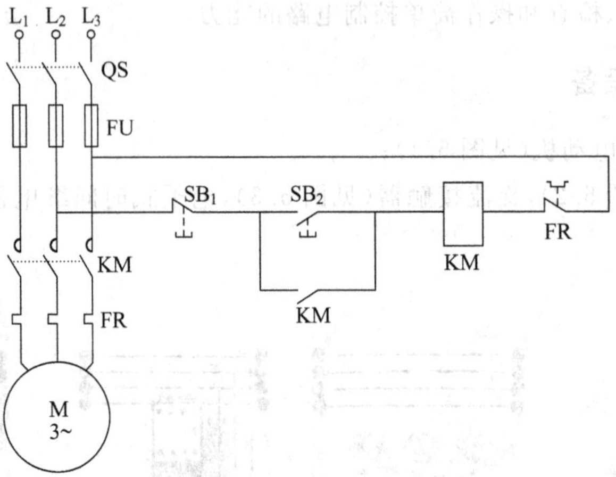

图 5.5　实验 5-2 的电路图

(2) 检查接线是否有误

① 直观检查　对照原理图，按接线顺序复查一遍。

② 用万用表检查控制电路　根据接触器线圈的电阻值选好量程，分别测量控制电路中各相邻节点编号之间的电阻值，判断是否与原理图状态相符合。

(3) 检查无误后，合上电源刀闸 QS，按下起动按钮 SB_2，待电机达到稳定转速后，按动 SB_1 停车，观察接触器和电机的工作情况。如果发现电机或接触器声音异常，应立即关闭总电源，然后分析故障原因。

实验 5-3　三相异步电动机的正、反转控制

图 5.6 为电机的正反转控制电路，按此图接线，检查方法同上。一定要确保主电路正确无误，然后才可合闸实验。依次按下正转、停止、反转、停止按钮，观察电动机转向的变化。

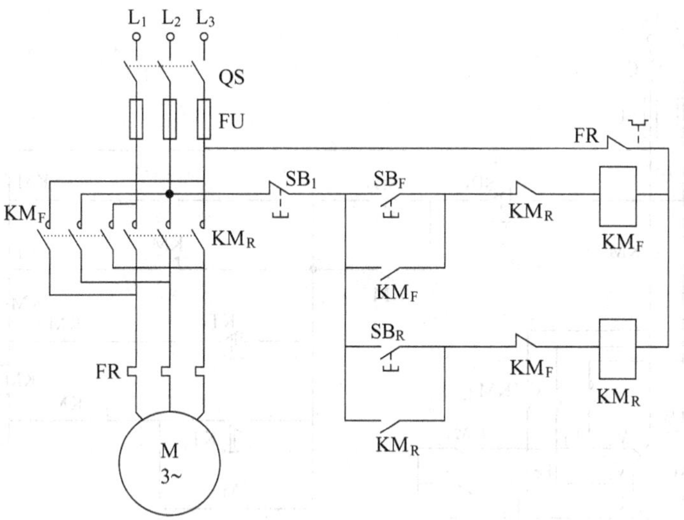

图 5.6　实验 5-3 的电路图

实验 5-4　三相异步电动机的Y-△起动控制

(1) 主电路按图 5.7 接线，控制电路按图 5.8 接线。要认真复查，特别要注意 KM_Y、$KM_\triangle$ 两互锁触点是否正确接入。控制电路的接线方法和复查方法同实验 5-3。

(2) 经检查无误后，合闸实验。注意观察 KM_Y、$KM_\triangle$ 两接触器的动作转换。

(3) 调整时间继电器的整定时间，重复实验。

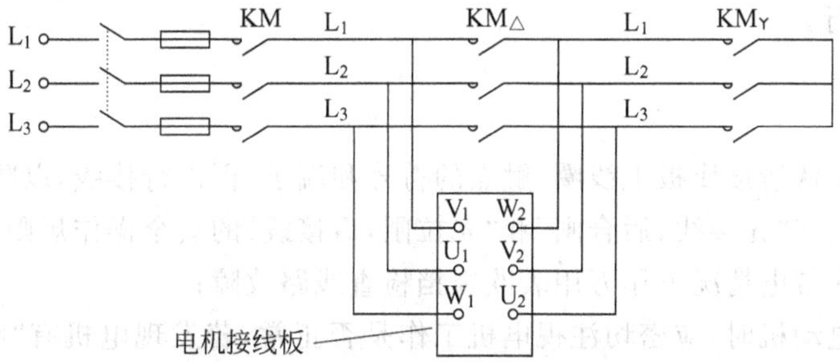

图 5.7　实验 5-4 的主电路图

思考题 1：若互锁的 $KM_\triangle$ 和 KM_Y 两常闭触头位置互换了，会出现什么现象？

思考题 2：和时间继电器线圈串联的常闭触头 $KM_\triangle$ 能否去掉？它的作用是什么？

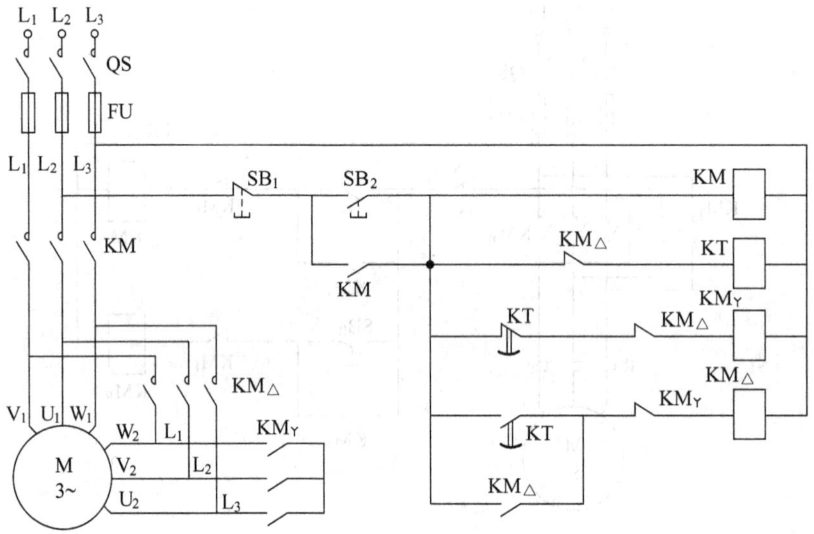

图 5.8 实验 5-4 的控制电路图

实验 5-5 设计型实验

三相异步电动机的周期性往复起停控制

画出主电路和控制电路，交与老师审查后方可进行实验。

控制功能要求：一台三相异步电动机，按起动按钮电机起动，转动 5s 后自动停止，停止 7s 后又自动起动，如此反复运行，直到手动停止为止。用一个 60W/220V 的灯泡指示电机的运行。

5. 注意事项

(1) 首先要认清接线板上线圈、触点的符号和端子，再进行接线，以防短路；

(2) 必须遵守“先接线，后合闸”和“先拉闸，后接线”的安全操作规则；

(3) 切忌在带电情况下用万用表欧姆挡检查线路故障；

(4) 起动电动机时，应密切注视电机工作是否正常，若发现电机有“嗡嗡”声或不转等异常现象，应马上拉闸，排除故障。

实验 6　可编程控制器

1. 实验目的

(1) 了解 S7-224(输入 I0.0～I1.5,输出 Q0.0～Q1.1,共 24 点)可编程控制器的基本结构,并且了解如何将其输入、输出端子与外设连接。

(2) 熟悉 STEP7-Micro/WIN32 编程软件,掌握编程方法,能够独立地用梯形图编辑程序;掌握把程序从 PC 下载到 PLC 的方法,或者把程序从 PLC 上载到 PC 的方法;掌握 PLC 程序的运行和监控方法。

2. 预习要求

(1) 实验之前阅读附录 6"S7-200 可编程控制器编程软件使用说明",初步了解使用方法。

(2) 认真阅读实验内容,画出用顺序控制指令设计实验 9-2、实验 9-3、实验 9-4 的梯形图,完成实验 9-5 交通灯控制的梯形图设计。

(3) 了解本次实验使用的实验箱(附录 7)。

3. 实验设备

(1) 计算机一台(键盘、鼠标、串口通信线)。

(2) 外设实验箱(S7-224 可编程控制器已安装在实验箱内)。实验时需将实验箱上 24V 直流电源的正极(+)与 COM0 连接,负极(−)与 COMS 连接。

4. STEP7-Micro/WIN32 编程软件快速入门

(1) 打开计算机,双击桌面上 STEP7-Micro/WIN32 图标启动编程软件,然后选择 PLC 型号:双击指令树栏 Project1(项目 1)下的 CPU 221 图标,在弹出的对话框中选择实验所用 PLC 的型号 CPU 224。

(2) STEP7-Micro/WIN32 提供三种编程和程序表示方式:指令表语句(STL)、梯形图(Ladder)和功能块图。单击菜单 View(视图),即可选择编程或程序表示方式。

(3) 在用梯形图输入程序时,可以单击工具栏上的┤├、-( )或□按钮来选择要输入的指令,也可以单击指令树栏 Instruction(指令)下指令类型前的⊞展开该类指令,再双击所选指令。

(4) 输入梯形图的一个指令段有分支时,用工具栏的↓、↑、←、→按钮来完成连线。

(5) 在输入梯形图时，若要将其删除，可选中后右击，在弹出的快捷菜单中选择 Delete→Column 命令删除当前触点；选择 Deleted→row 命令清除当前指令行的内容；选择 Delete→Vertical 命令删除当前触点向下的分支；选择 Deleted→Network(s)命令删除当前指令段，也可直接单击工具栏中的按钮。

(6) 在输入梯形图时，若在当前位置增加指令，直接输入指令即可；但若要增加一个指令段，可直接单击工具栏中的按钮，也可右击，从弹出的快捷菜单中选择 Insert→Networks 命令。

(7) 将程序下载到 PLC 的方法：在菜单栏中选择 File→Download 命令，或者单击工具栏中的按钮。程序在下载时先自动编译，编译通过后方可下载。

(8) 将 PLC 中的程序上载到 PC 的方法：在菜单栏中选择 File→Upload 命令，或者单击工具栏中的按钮。

(9) PLC 运行时，若要监视 PLC 程序的执行情况，可在菜单栏中选择 Debug→Start Program Status 命令，或者单击工具栏中的按钮；若要停止监视，可在菜单栏中选择 Debug→Pause Program Status 命令，或者单击工具栏中的按钮。注意：在编辑梯形图时，必须停止程序监视。

5. 实验内容

实验 6-1 PLC 基本操作指令训练

1) 位和堆栈操作指令

实验所用梯形图如图 6.1(a)所示，请自行分析该梯形图输入与输出之间的逻辑关系。实验步骤如下：

(1) 将实验箱上 I0.0～I0.6 插孔直接连线到按钮开关 P01～P07 插孔上。

(2) 输入图 6.1(a)所示的梯形图。注意在 STEP7-Micro/WIN32 编程软件中，一个网络只能对应一个逻辑行，如图 6.1(a)所示；不能把两个逻辑行都放到一个网络，如图 6.1(b)所示。

(3) 将程序下载到 PLC：单击工具栏中的按钮，编程软件自动先编译，将 PLC 的状态选择为 STOP。下载完成后，将 PLC 状态选择为 RUN，程序便可运行。观察运行状态是否与分析一致。

(4) 单击工具栏中的按钮，观察梯形图中触点的通断情况。操作按钮 P01～P04，掌握输入开关的通断与相应输入的常开触点和常闭节点的通断的关系。输入输出端子的通断情况也可通过 PLC 面板上相应指示灯的亮暗来判断：灯亮，表示该端子接通；否则，表示端子断开。

(5) 将程序的输入及显示方式改为指令表 STL，了解该梯形图对应的指令表。

(6) 练习在梯形图中插入/删除触点，插入/删除逻辑段。

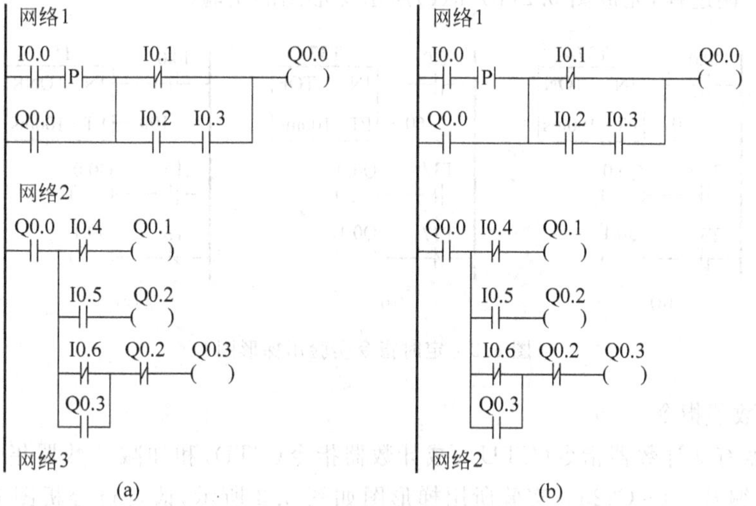

图 6.1　实验 6-1 的梯形图

2) 定时器指令

定时器的类型、编号、分辨率的对应关系如表 6.1 所示。实验所用梯形图如图 6.2 所示，请自行分析图 6.2 中各梯形图中输入与输出之间的逻辑关系。

表 6.1　各类定时器的分辨率及其编号

定时器类型	分辨率/ms	最大当前值/s	定 时 器 号
TON TOF	1	32.767	T32,T96
	10	327.67	T33～T36 ,T97～T225
	100	3276.7	T37～T63,T101～T225
TONR	1	32.767	T0,T64
	10	327.67	T1～T4,T65～T68
	100	3276.7	T5～T31,T69～T95

实验步骤：

(1) 将输入端子与按钮开关连接好；

(2) 输入图 6.2(a)所示的梯形图；

(3) 将程序下载到 PLC 运行，单击工具栏中的按钮，监视程序执行情况；

(4) 操作按钮开关，查看程序执行，尤其注意定时器复位时的初值，以及当前值与其相应触点的通断关系，进一步了解 TON(或 TOFF，或 TONR)定时器的工作原理；

(5) 将程序的输入及显示方式改为指令表 STL，了解该定时器指令的指令表形式。

重复上述过程，完成图 6.2(b)和(c)所示梯形图的实验。

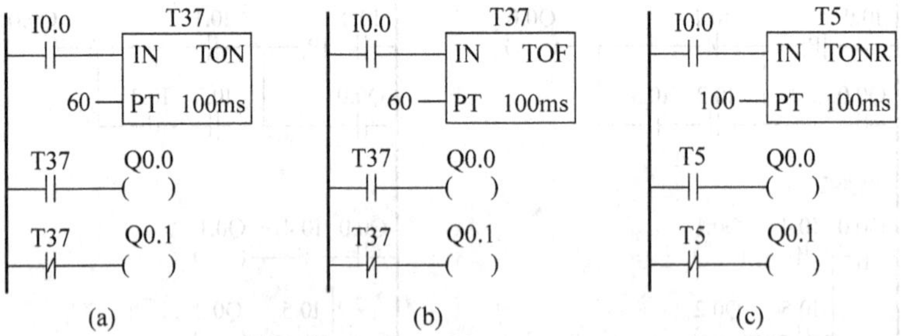

图 6.2 定时指令实验用梯形图

3) 计数器指令

计数器有加计数器指令(CTU)、减计数器指令(CTD)和加减计数器指令(CTUD)三种类型，编号 C0～C225。实验所用梯形图如图 6.3 所示，请自行分析图 6.3 中各梯形图输入与输出之间的逻辑关系。

实验步骤：

(1) 将输入端子与按钮开关连接好；

(2) 输入图 6.3(a)所示的梯形图；

(3) 将程序下载到 PLC 运行，单击工具栏中的按钮，监视程序执行情况；

(4) 操作按钮开关，查看程序执行结果，尤其注意计数器复位时的初值，以及当前值与其相应触点的通断关系，进一步了解 CTU(或 CTD，或 CTUD)定时器的工作原理；

(5) 将程序的输入及显示方式改为指令表 STL，了解该计数器指令的指令表形式。

重复上述过程，完成图 6.3(b)和(c)所示梯形图的实验。

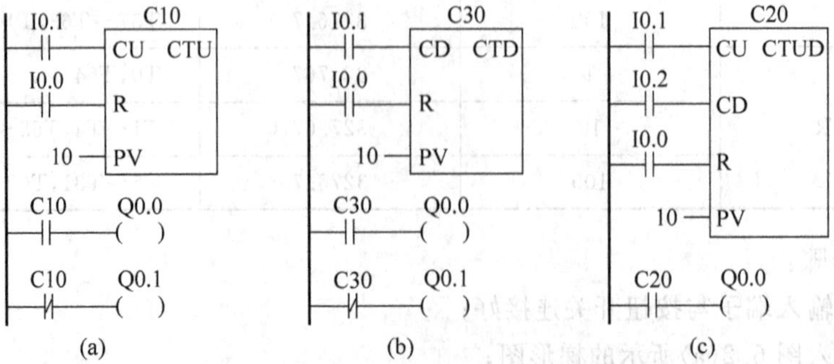

图 6.3 计数器指令实验用梯形图

实验 6-2　电动机的 PLC 正反转控制

PLC 的 I/O 分配如表 6.2 所示，梯形图如图 6.4 所示。请在预习时试着用顺序控制指令设计该程序。

表 6.2　电动机正反转控制的 I/O 分配表

实际输入元件	输入端子号	输出端子号	实际输出元件
停车按钮（常开）	I0.0	Q0.0	控制正转线圈 KM1
正转起动按钮（常开）	I0.1	Q0.1	控制反转线圈 KM2
反转起动按钮（常开）	I0.2		

实验步骤：

(1) 将按钮开关 P01～P03 连接 I0.0～I0.2，分别作为停止、正转起动按钮及反转起动按钮。将 Q0.0、Q0.1 连接到实验箱 KMF、KMR 接线孔，以便观察运行状态。

(2) 输入图 6.4 所示的梯形图或者自己设计的梯形图。

(3) 将程序下载到 PLC 运行，单击工具栏中的按钮，监视程序执行情况。

(4) 操作按钮开关，查看程序执行结果正确与否。

(5) 将程序的输入及显示方式改为指令表 STL，了解该梯形图对应的指令表。

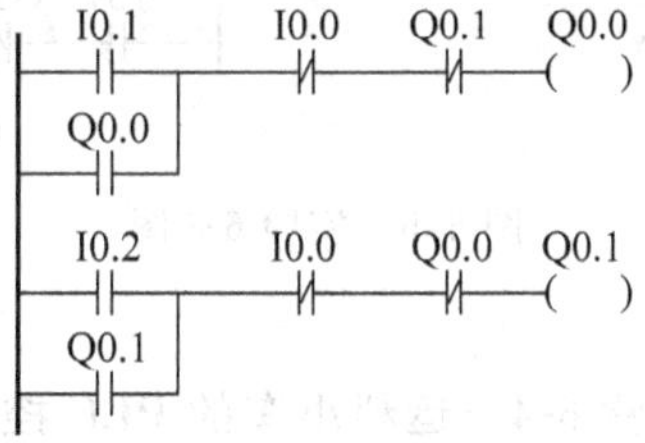

图 6.4　实验 6-2 的梯形图

实验 6-3　电动机Y/△起动的 PLC 控制

PLC 的 I/O 分配如表 6.3 所示，电动机Y/△起动的主电路和 PLC 控制的梯形图分别如图 6.5(a)和(b)所示。请在预习时试着用顺序控制指令设计该程序。

表 6.3　电动机Y/△起动的 I/O 分配表

实际输入元件	输入端子号	输出端子号	实际输出元件
停车按钮（常开）	I0.0	Q0.0	控制 KM 线圈
起动按钮（常开）	I0.1	Q0.1	控制 KM_{Y} 线圈
		Q0.2	控制 $KM_{\triangle}$ 线圈
		T33(10ms)	定时 1min

实验步骤：

(1) 将按钮开关 P01 和 P02 分别连接到 I0.0 和 I0.1，分别作为停车按钮和起动按钮。将 Q0.0 连接到实验箱 KM_1 接线孔，将 Q0.1 连接到实验箱 KM3 接线孔，将 Q0.2 连接到实验箱 KM_2 接线孔，以便观察运行状态。

(2) 输入图 6.5(b)所示的梯形图或者自己设计的梯形图。

(3) 将程序下载到 PLC 运行，单击工具栏中的按钮，监视程序执行情况。

(4) 操作按钮开关，查看程序执行结果正确与否。

(5) 将程序的输入及显示方式改为指令表 STL，了解该梯形图对应的指令表。

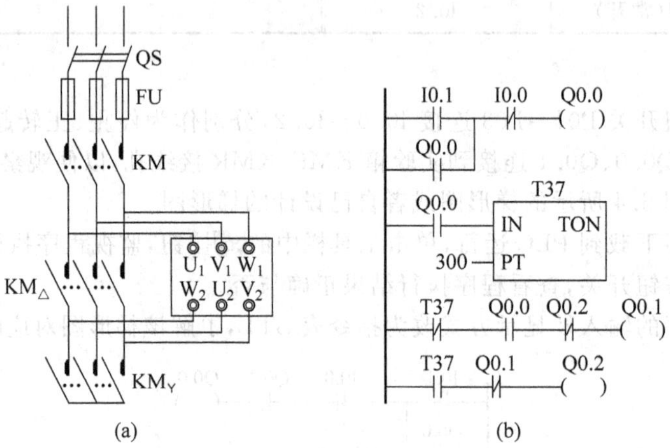

图 6.5 实验 6-3 图

实验 6-4 运料小车的 PLC 控制

PLC 的 I/O 分配如表 6.4 所示，梯形图如图 6.6 所示。请在预习时用顺序控制指令设计该程序。

表 6.4

实际输入元件	输入端子号	输出端子号	实际输出元件
停车按钮(常开)	I0.0	Q0.1	控制正转线圈 KM_1
正转起动按钮(常开)	I0.1	Q0.2	控制反转线圈 KM_2
反转起动按钮(常开)	I0.2	定时器	
右行程开关 ST2 (常开)	I0.3	T33(10ms)	定时 30s
左行程开关 ST1 (常开)	I0.4	T34(10ms)	定时 30s

实验步骤：

(1) 将按钮开关P01～P03分别连接到I0.0～I0.2，分别作为停车按钮、正转起动按钮、反转起动按钮。将按钮开关P04和P05分别连接到I0.3和I0.4，分别作为右端行程开关和左端行程开关。将Q0.0、Q0.1连接到实验箱KMF、KMR接线孔，以便观察运行状态。

(2) 输入图6.6所示的梯形图或者自己设计的梯形图。

(3) 将程序下载到PLC运行，单击工具栏中的按钮，监视程序执行情况。

(4) 操作按钮开关，查看程序执行结果正确与否。

(5) 将程序的输入及显示方式改为指令表STL，了解该梯形图对应的指令表。

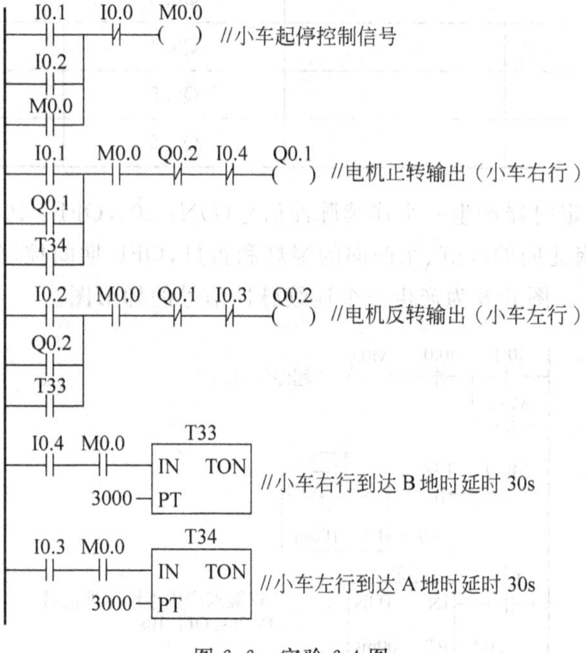

图6.6　实验6-4图

实验6-5　十字路口交通灯的控制

十字路口交通灯模型如图6.7所示。每条道路上各配有一组红黄绿交通信号灯，其中红灯亮表示该道路禁止通行；黄灯亮表示该道路上未过停车线的车辆禁止通行，已过停车线的车辆继续通行；绿灯表示该道路允许通行。

图6.7　十字路口交通灯模型

设计要求如下：

(1) 南北向：绿灯亮7s，然后黄灯闪烁3次(亮0.5s，暗0.5s)，之后转为红灯亮20s；

(2) 东西向：绿灯亮 15s，然后黄灯闪烁 5 次(亮 0.5s，暗 0.5s)，之后转为红灯亮 10s；

(3) 当一个方向是允许通行指示时，另一个方向是禁止通行指示。

I/O 分配如表 6.5 所示。

表 6.5 交通灯控制的 I/O 分配表

实际输入元件	输入端子号	输出端子号	实际输出元件
停车按钮(常开)	I0.0	Q0.1	南北向红灯
正转起动按钮(常开)	I0.1	Q0.2	南北向绿灯
		Q0.3	南北向黄灯
		Q0.4	东西向红灯
		Q0.5	东西向绿灯
		Q0.6	东西向黄灯

提示：先利用定时器产生一个连续脉冲信号(ON：20s，OFF：10s)作为方向控制信号，ON 期间控制南北向的红灯、东西向的绿灯和黄灯，OFF 期间控制东西向的红灯、南北向的绿灯和黄灯。图 6.8 为产生一个连续脉冲信号的梯形图。

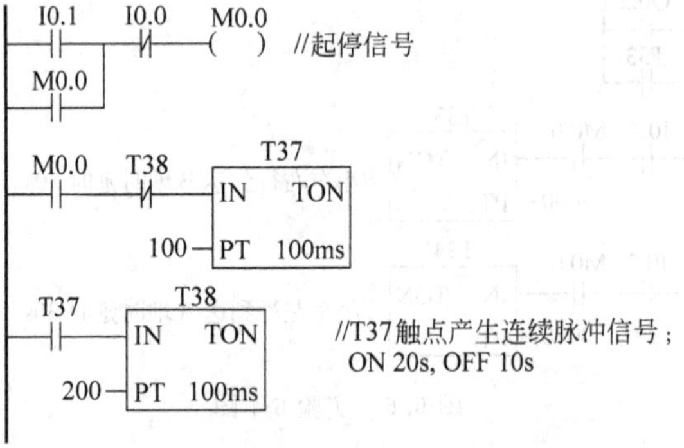

图 6.8 产生连续脉冲信号的梯形图

实验 6-6 节日彩灯控制

设计要求：利用 PLC 输出 LED 指示灯观察结果。按下起动按钮，Q0.0 指示灯亮，Q0.1～Q0.7 的指示灯暗，然后按 Q0.0→Q0.1→…→Q0.7→ Q0.0 循环，指示灯依次亮一个，每秒移动一次。按下停止按钮，则 Q0.0～Q0.7 的指示灯全灭。

提示：要用到数据传送指令和移位指令。

实验 7 SPICE 电路仿真实验

1. 实验目的

(1) 练习使用标准 SPICE 的元件描述语句、分析语句、输出语句、模型语句等,熟练掌握电路文件的编写;

(2) 能够根据电路分析的具体要求灵活使用 SPICE;

(3) 练习使用 aim-SPICE 软件,特别是其中的标准 SPICE 分析功能。

2. 实验设备

aim-SPICE Student Version3.8a 软件。

3. 实验内容

实验 7-1 解直流电路习题 1

已知电路如图 7.1 所示,试编写电路文件,计算电路中的电流 I。

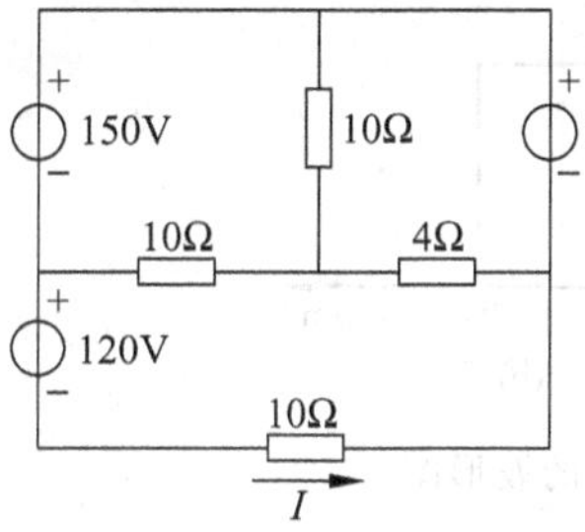

图 7.1 实验 7-1 电路图 1

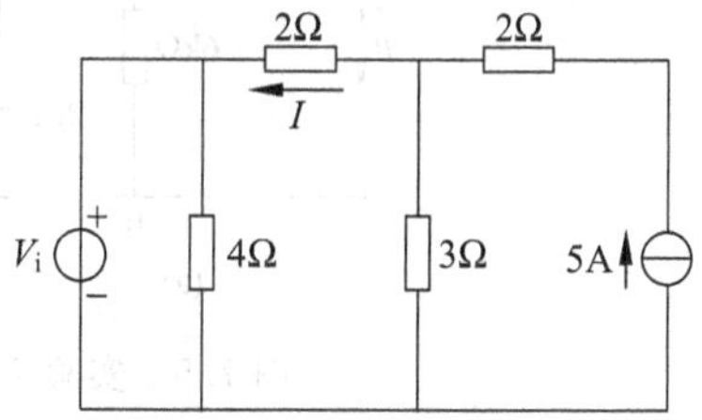

图 7.2 实验 7-1 电路图 2

实验 7-2 解直流电路习题 2

已知电路如图 7.2 所示,试画出当电压源从 2V 变化到 6V 时,电流 I 的变化曲线。

实验 7-3 解交流电路习题

已知交流电路如图 7.3 所示,其中 $u=220\sqrt{2}\sin(1000t-45°)\,\text{V}$, $R_1=100\Omega$, $R_2=200\Omega$, $R_3=50\Omega$, $L_1=0.1\text{H}$, $L_2=0.5\text{H}$, $C=5\mu\text{F}$。试画出电流 i 的波形(要求与 u 画在一起)。

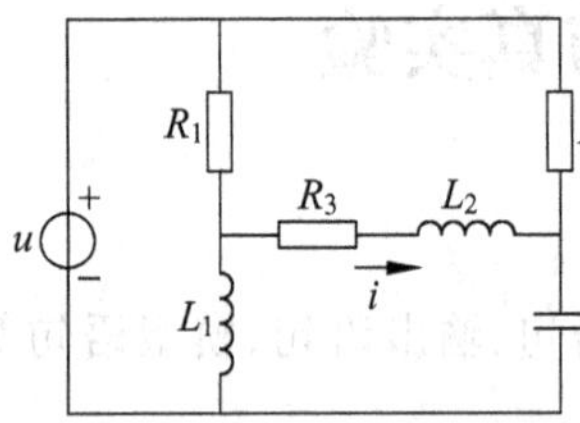

图 7.3　实验 7-3 电路图

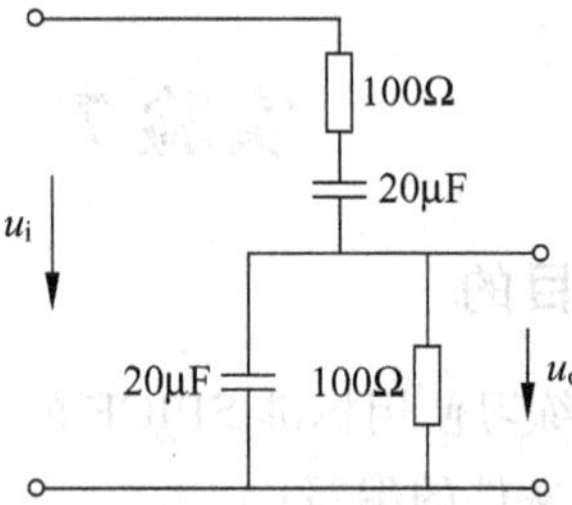

图 7.4　实验 7-4 电路图

实验 7-4　文氏电桥电路的频率特性

已知文氏电桥电路如图 7.4 所示，试画出其幅频特性曲线和相频特性曲线。

实验 7-5　*RC* 电路的一阶过渡过程

已知电路如图 7.5(a)所示，输入电压 u 如图 7.5(b)所示，设 $u_C(0_-)=0$。试用 SPICE 画出 u_{ab} 过渡过程的波形。

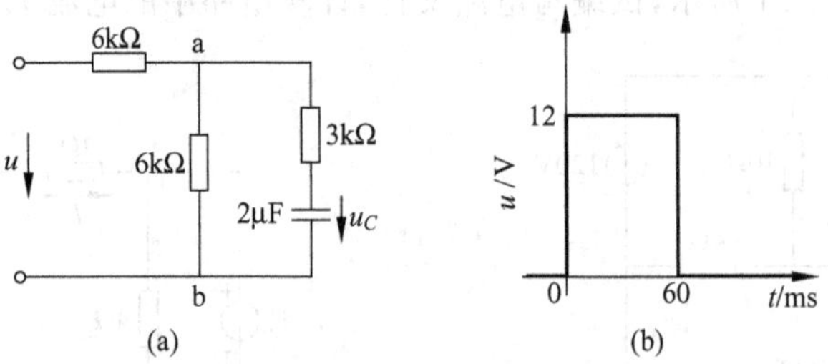

图 7.5　实验 7-5 电路图及电路中 u 的波形图

实验 7-6　*RLC* 串联电路的二阶过渡过程

已知电路如图 7.6 所示，$t<0$ 时电路已经处于稳态，$t=0$ 时开关 K 闭合，试用 SPICE 画出开关闭合后电路中电流 i 的波形。

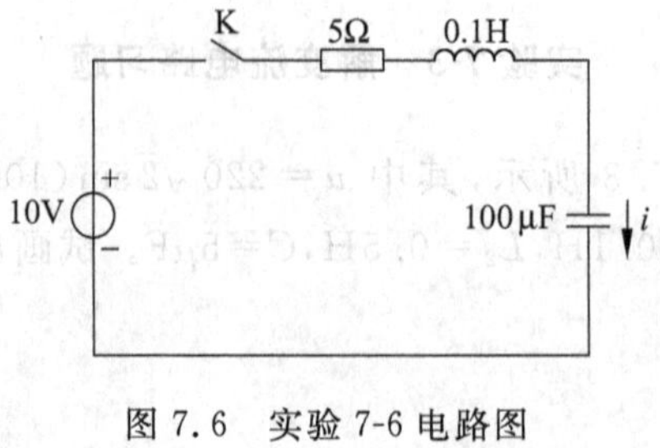

图 7.6　实验 7-6 电路图

实验 7-7　画二极管伏安特性曲线

已知二极管 1N41418 的 SPICE 参数为：IS＝0.1PA，RS＝16，CJO＝2PF，TT＝12N，BV＝100，IBV＝0.1PA。试用 SPICE 画出 1N4148 的伏安特性曲线，要求横轴为电压，纵轴为电流。电压：0～1.2V。

实验 7-8　画三极管的输出特性曲线

自拟方案。

实验 8 Multisim 电路仿真实验

1. 实验目的

（1）熟悉 Multisim 的使用方法；

（2）用 Multisim 输入并仿真电路。

2. 实验设备

Multisim 仿真软件。

3. 实验内容

首先运行 Multisim，熟悉其主菜单和工具栏；认识元件箱和选择元件的方法；熟悉万用表、示波器、信号源、波特图产生器的使用方法。

实验 8-1 研究电压表内阻对测量结果的影响

输入如图 8.1 所示的电路图，在 setting 中改变电压表的内阻，使其分别为200kΩ、5kΩ 等，观察其读数的变化，研究电压表内阻对测量结果的影响。

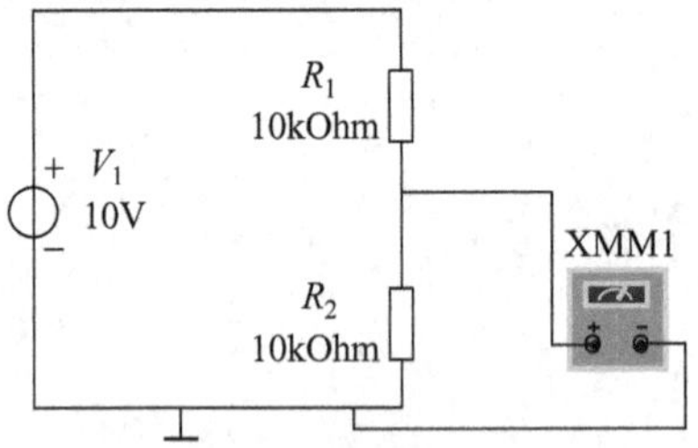

图 8.1[①] 实验 8-1 电路图

实验 8-2 *RLC* 串联谐振研究

输入如图 8.2 所示的电路，调节信号源频率，使之低于、等于、高于谐振频率时，用示波器观察波形的相位关系，并记录电流值。用波特图仪观测谐振时的幅频特性曲线和相频特性曲线，并使用光标测量带宽。

---

① 图 8.1 中 10kOhm 的规范形式为 10kΩ，此种情况不再重复说明。

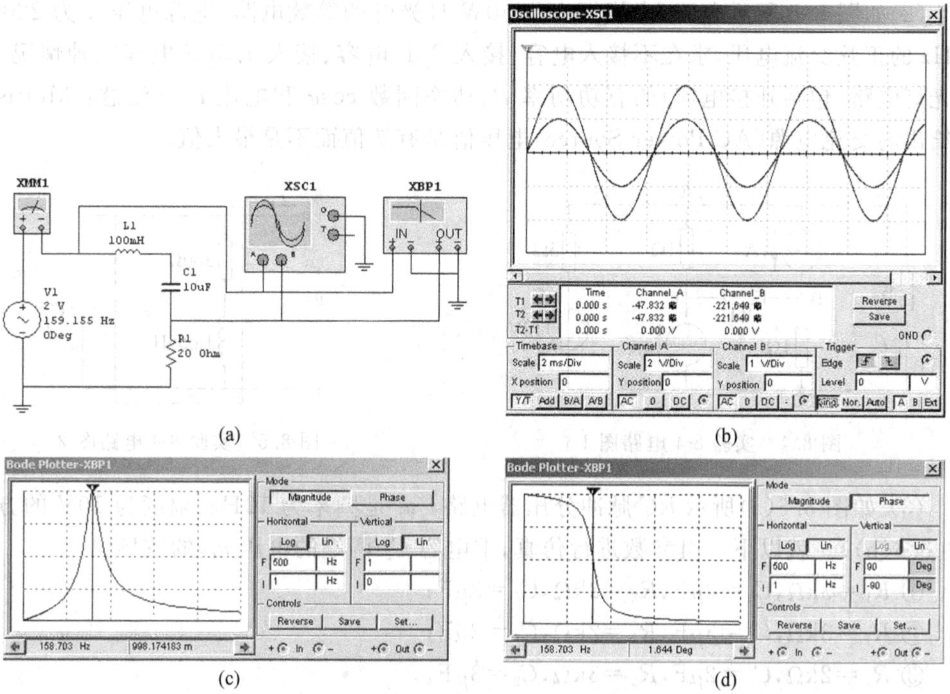

图 8.2　实验 8-2 图

(a) 仿真电路；(b) 波形图；(c) 幅频特性；(d) 相频特性

实验 8-3　*RC* 电路过渡过程的研究

输入如图 8.3 所示的电路，起动后按空格键来拨动开关，用示波器观测电容电压的过渡过程曲线，并使用光标测量时间常数 τ。

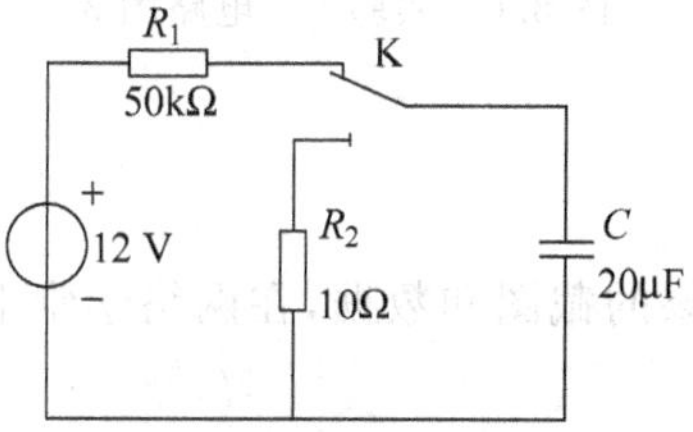

图 8.3　实验 8-3 电路图

实验 8-4　自 选 实 验

(1) 如图 8.4 所示电路，用仿真方法求电流 I，用“直流工作点分析法”求 A、B、C 三节点的电位。

(2)如图 8.5 所示电路,虚线框内是 40W 日光灯的等效电路,电源电压 u 为 220V、50Hz 的正弦交流电压,求在不接入电容、接入 2μF 电容、接入 4.5μF 电容三种情况下,日光灯电路(包括外接电容)的有功功率 P、功率因数 $\cos\varphi$ 和电流 I。(注意:Multisim 中给出的交流电源(AC Power Source)电压值是有效值而不是最大值。)

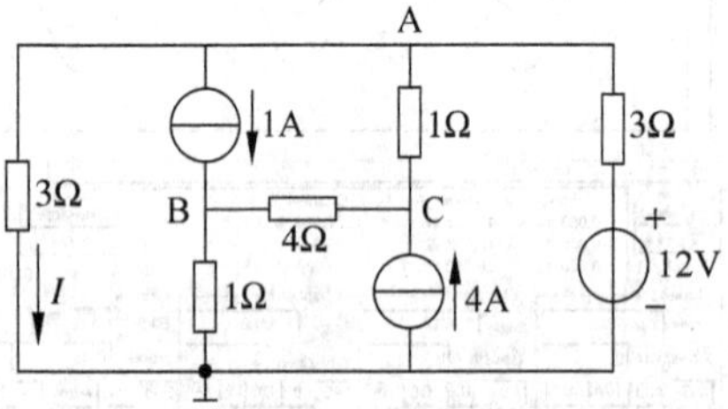

图 8.4 实验 8-4 电路图 1

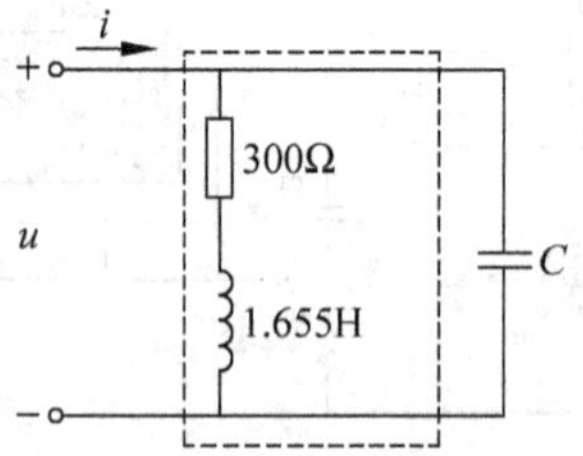

图 8.5 实验 8-4 电路图 2

(3) 如图 8.6(a)所示 RC 脉冲分压器电路,u_i 是频率为 10Hz、幅度为 10V 的方波(图 8.6(b))。就以下三组参数进行仿真,求电容 C_2 两端的电压 u_{C2} 的波形:

① $R_1=3\text{k}\Omega, C_1=2\mu\text{F}, R_2=2\text{k}\Omega, C_2=3\mu\text{F}$;

② $R_1=3\text{k}\Omega, C_1=3\mu\text{F}, R_2=2\text{k}\Omega, C_2=2\mu\text{F}$;

③ $R_1=2\text{k}\Omega, C_1=2\mu\text{F}, R_2=3\text{k}\Omega, C_2=3\mu\text{F}$。

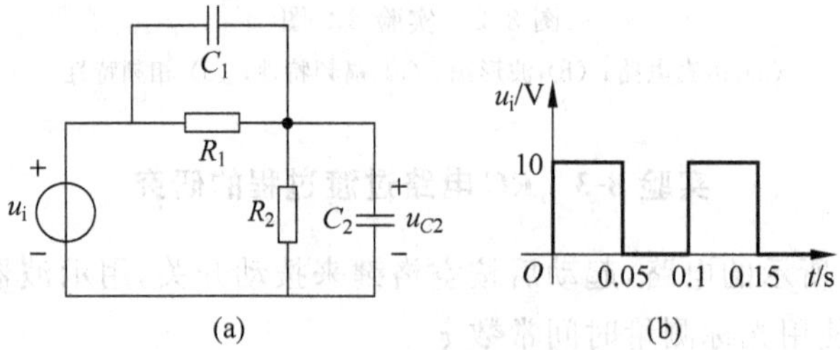

图 8.6 实验 8-4 电路图 3

4. 总结要求

整理仿真电路及测量结果的截图和数据,在网络学堂上传电子版仿真实验报告。

第 2 部分　电子技术实验

实验 9　单管放大电路的研究

1. 实验目的

(1) 学习放大电路静态工作点的测量方法和调试方法；

(2) 研究放大电路的动态性能；

(3) 研究静态工作点对动态性能的影响；

(4) 学习基本交直流仪器仪表的使用方法。

2. 预习要求

(1) 阅读各项实验内容，理解有关原理，明确实验目的。

(2) 写好预习报告，应完成下述预习内容：

① 图 9.1 中，设晶体管的静态发射极电流 $I_E=1.25\text{mA}$，$\beta=65$，试计算静态的 U_B、U_{CE}和动态电阻 r_{be}；

② 求有载(接入 $R_L=5.1\text{k}\Omega$)和空载(R_L 断开)两种情况下的电压放大倍数 $A_u=\dfrac{U_o}{U_i}=?$

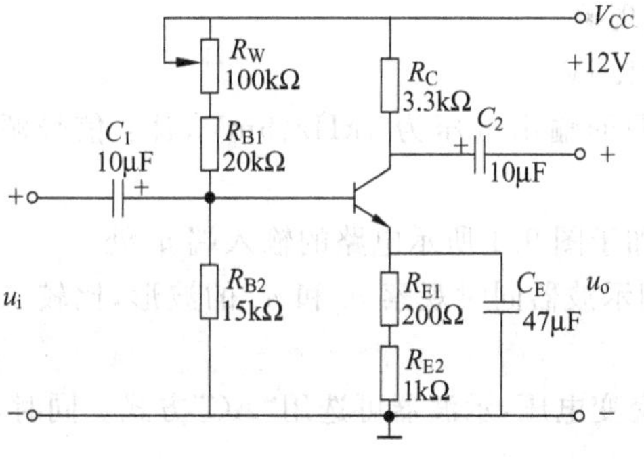

图 9.1　实验 9-1 电路图

3. 实验设备

(1) 数字万用表；

(2) LDS21010H 数字存储示波器；

(3) 正弦信号源；

(4) 模拟电路实验箱。

4. 实验内容

实验 9-1 单管放大电路的静态研究

(1) 将图 9.1 所示的实验电路接入 12V 电源。调节 R_W 的值，使 $V_E=1.5V$（即 $I_E=1.25mA$），然后按表 9.1 的内容测量其他各量。

说明：静态时测量的是直流量，应该用仪器仪表的直流挡，并注意正确选择量程（也可以用示波器测量，但精度低）。

(2) 左右少许转动 R_W，分别定性观察表 9.1 中各量的变化趋势（↑，↓ 或—），并记录于表 9.1 中。

表 9.1

R_W	V_E/V	U_{CE}/V	U_{R_C}/V	V_{BE}/V	V_B/V
调节值	1.5				
↑					
↓					

实验 9-2 单管放大电路的动态研究

(1) 定性观察放大现象

① 重调静态 $V_E=1.5V$。

② 调整正弦信号源的输出电压为 1kHz、5mV（注：信号源显示的电压值为峰-峰值）。

③ 将信号源电压加于图 9.1 所示电路的输入端 u_i 处。

④ 令 R_L 断开。用示波器同时观察 u_i 和 u_o 的波形，比较二者的幅度和相位关系，体会放大效果。

说明：u_i 与 u_o 为交变电压，示波器可选用“AC”方式。同时，信号源、实验电路和示波器之间应共地连接。

(2) 测量并记录输入电压、输出电压，计算空载电压放大倍数，并与预习结果相比较。

说明：测量 U_i、U_o 应该用仪器仪表的交流挡，也可以用示波器的光标测量波形的峰-峰值（U_{ipp}、U_{opp}）。

(3) 观察负载对放大倍数的影响

接入 $R_L=5.1\text{k}\Omega$，重新观察 u_o 并测量 U_o 值，计算有载电压放大倍数，并与预习结果相比较。

(4) 观察静态工作点对动态性能的影响

① 在(3)的基础上，慢慢减小及加大 R_W 的值，在保证 u_o 波形不失真的情况下，观察 u_o 的幅度随 R_W 的变化趋势(↑或↓)，并解释现象。

② 断开 R_L，慢慢减小 R_W 直至 u_o 刚刚出现饱和失真(勿使失真过于严重)，然后去掉信号源，按表 9.1 中所示内容重新测量并记录各静态量，确定 Q 点的位置，解释出现失真的原因。

③ 仍断开 R_L，调信号源电压，使 $U_i=10\text{mV}$，然后慢慢加大 R_W，使 u_o 的正半周出现明显截止失真为止，重复②中的测量和讨论。

说明：晶体管的截止并非突变过程，因此所谓截止失真并不像饱和失真那样有明显分界可供判断。

实验 9-3 研究单管放大电路的频率特性

在图 9.1 所示的电路中，重调静态 $U_E=1.5\text{V}$，$U_i=5\text{mV}$，且接入 $R_L=5.1\text{k}\Omega$，连续调节信号源频率，实测放大器上、下限截止频率，计算通频带宽度 Δf。

实验 9-4 射极输出器的研究

1) 参数估算

在图 9.2 所示的射极输出器中，设 $\beta=65$，负载电阻 $R_L=5.1\text{k}\Omega$。

(1) 试求该射极输出器的输入电阻 r_i；

(2) 若信号源内阻 $R_S=5.1\text{k}\Omega$，求该射极输出器的输出电阻 r_o。

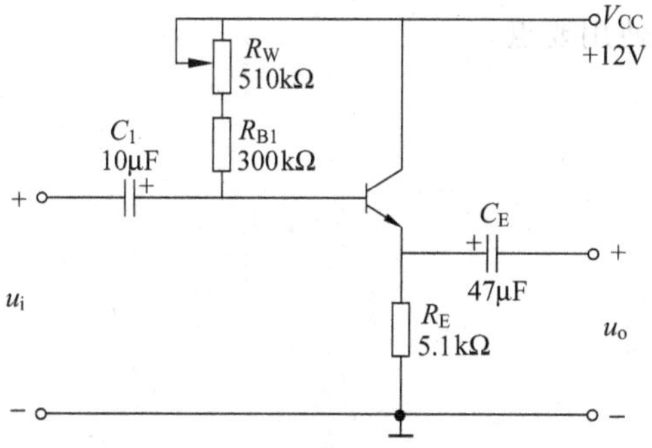

图 9.2 实验 9-4 电路图

2）观察射极输出器的电压跟随现象

将图 9.2 所示的电路接入 12V 电源，调节静态工作点 $U_E=1.5V$。令 $U_i=0.5V\sim1V$ 可调，$f=1kHz$，用示波器同时观察 u_i 和 u_o 的幅度和相位，了解跟随现象。空载和带载时测量并记录 U_i、U_o，并计算空载和带载时的电压放大倍数。

实验 9-5 研究射极电流负反馈放大器的放大倍数及频率特性

测量图 9.3 所示电路的放大倍数及频率特性，并与图 9.1 所示的电路进行比较，说明电阻 R_{E1} 的作用。

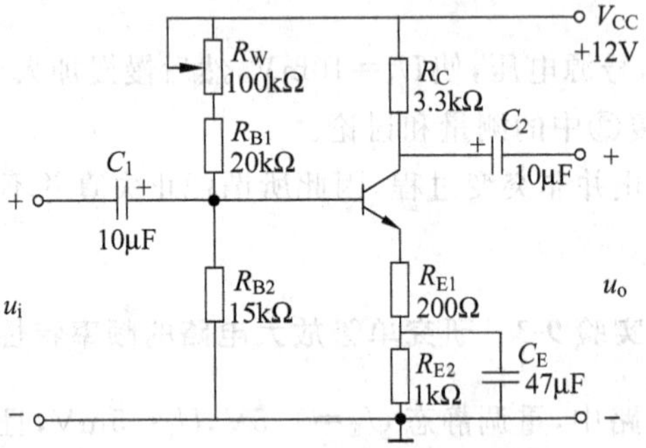

图 9.3 实验 9-5 电路图

5. 总结要求

在实验总结报告上，完成下述内容：

(1) 在同一个坐标平面上，画出实验 9-2 的(1)和(4)的②、③中所测定的 3 个 Q 点及相应的交直流负载线，讨论 Q 点的位置与波形失真的关系；

(2) 写出对实验 9-2 的(4)中①现象的解释；

(3) 总结示波器的使用要点。

实验 10　晶体管多级放大器与负反馈放大器实验

1. 实验目的

(1) 熟悉多级放大器各级间的关系；

(2) 研究负反馈对放大器性能的影响；

(3) 学习放大器动态性能的测试方法。

2. 预习内容

(1) 阅读各项实验内容，理解有关原理，明确实验目的。

(2) 图 10.1 所示的电路中，当 $R_L=\infty$ 和 $R_L=5.1\text{k}\Omega$ 时，计算开环时的各级电压放大倍数 A_{u1}、A_{u2} 和总电压放大倍数 A_u，设 $\beta_1=\beta_2=100$。

说明：

① 图 10.1 中 R_{01}、C_1、C_2 及 R_{02}、C_9、C_{10} 分别组成两个 RC 低通滤波器，对电源 V_{CC} 进行去耦滤波。

② 计算开环电压放大倍数时，要考虑反馈网络对放大器的负载效应。对于第一级电路，该负载效应相当于 C_F、R_F 与 R_{E1} 并联，由于 $R_{E1}\ll R_F$，所以 C_F、R_F 的作用可以略去。对于第二级电路，该负载效应相当于 C_F、R_F 与 R_{E1} 串联后作用在输出端，由于 $R_{E1}\ll R_F$，所以可忽略 R_{E1}，近似看成第二级只接有内部负载 C_F、R_F。

(3) 对于图 10.1 所示的电路，画出利用 C_F、R_F 支路构成级间电压串联负反馈的连线图。计算级间反馈系数 F 和闭环电压放大倍数 A_{uf}。

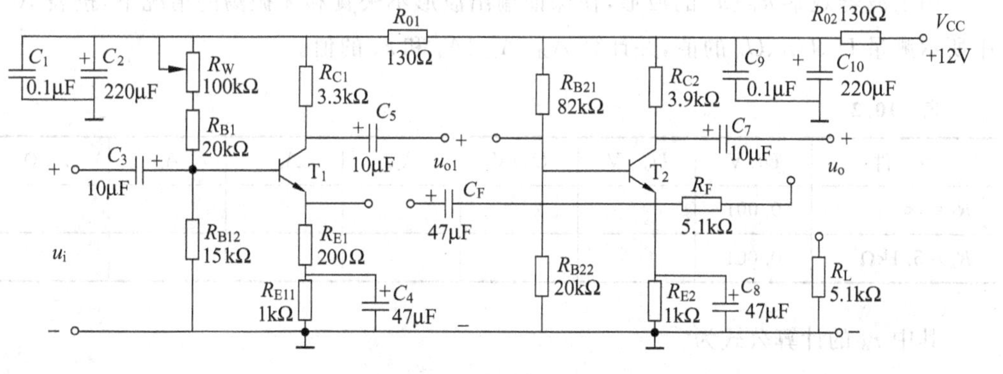

图 10.1　实验 10 电路图

3. 实验设备

(1) 数字万用表；

(2) LDS21010H 数字存储示波器；

(3) 正弦信号源；

(4) 模拟电路实验箱。

4. 实验内容

实验 10-1　两级放大器的静态研究

将图 10.1 所示的电路接入 12V 电源，调节 R_W 使 $V_{E1}=1.2V$。按表 10.1 中所示测量 V_B、V_E、U_{CE} 的值，并计算 I_E 和 r_{be} 值。

表　10.1

放大器	V_B/V	V_E/V	U_{CE}/V	I_E/mA	r_{be}/Ω
第一级					
第二级					

实验 10-2　开环电压放大倍数和输出电阻的测量

在图 10.1 所示的电路中，令输入电压 $U_i=1mV$ 左右，$f=1kHz$。为近似考虑反馈网络的负载效应，应将 C_F、R_F 支路作为输出端的内部负载。

用示波器观察 u_{o1}、u_o 的波形，在保证输出波形不失真和无振荡的情况下，按表 10.2 中所示测量 U_i、U_{o1}、U_o 的值，并计算 A_{u1}、A_{u2}、A_u 和 r_o 的值。

表　10.2

条　件	U_i/V	U_{o1}/V	U_o/V	A_{u1}	A_{u2}	A_u	r_o/Ω
$R_L=\infty$	0.001						
$R_L=5.1k\Omega$	0.001						

其中 r_o 的计算公式为

$$r_o=\left(\frac{U_{o0}}{U_{oL}}-1\right)\times R_L$$

式中，U_{o0} 是输出端空载时的输出电压；U_{oL} 是接入负载 R_L 时的输出电压。

实验 10-3 闭环研究

利用图 10.1 中的 C_F、R_F 支路引入级间电压串联负反馈。

1) 闭环电压放大倍数的测量

令 $U_i=1\text{mV}$，$f=1\text{kHz}$，按表 10.3 中所示，分别测量 $R_L=\infty$ 和 $R_L=5.1\text{k}\Omega$ 时的 U_o 值，并计算 A_{uf} 和 r_o。根据实测结果，验证 A_{uf} 是否近似等于 $1/F$，并讨论电压级间负反馈电路的带负载能力。

表 10.3

条 件	U_i/V	U_o/V	A_{uf}	r_o/Ω
$R_L=\infty$	0.001			
$R_L=5.1\text{k}\Omega$	0.001			

2) 观察负反馈对非线性失真的改善作用

保持输入信号频率不变，放大器开环，适当加大 u_i 的幅度，使 u_o 波形出现失真(不要过分失真)。观察时将 u_o 波形的过零点调在荧光屏的 X 坐标轴上，对比 u_o 正、负半周波形幅度的差值，即失真波形的幅度。

接入负反馈后，再适当增加 u_i 的幅度，使 u_o 维持前面不失真半周的幅度不变，观察负反馈对失真波形的改善作用。

3) 研究负反馈对放大倍数稳定性的影响

接入负反馈后放大器空载。输入信号 $U_i=1\text{mV}$，$f=1\text{kHz}$，电源电压从 $V_{CC}=+12\text{V}$ 降到 $V'_{CC}=+8\text{V}$。按表 10.4 中的要求，比较开环和闭环电压放大倍数的相对变化量 $\Delta A_{uo}/A_{uo}$ 和 $\Delta A_{uf}/A_{uf}$。研究负反馈对放大倍数的稳定作用。

表 10.4

条件	V_{CC}	V'_{CC}	$\Delta U/U$
开环	U_o	U'_o	$(U_o-U'_o)/U_o$
闭环	U_{of}	U'_{of}	$(U_{of}-U'_{of})/U_o$

说明：图 10.1 所示的电路在开环和闭环接法下，因为 U_i 均维持不变，所以有

$$\frac{\Delta A_{uo}}{A_{uo}}=\frac{U_o-U'_o}{U_o} \quad 和 \quad \frac{\Delta A_{uf}}{A_{uf}}=\frac{U_{of}-U'_{of}}{U_{of}}$$

4) 研究负反馈对输入电阻的影响

在图 10.1 所示电路的输入回路中，串入一个已知电阻 $R=2\text{k}\Omega$，加入正弦信号使 $U_S=10\text{mV}$，$f=1\text{kHz}$，输出端空载，接法如图 10.2 所示。

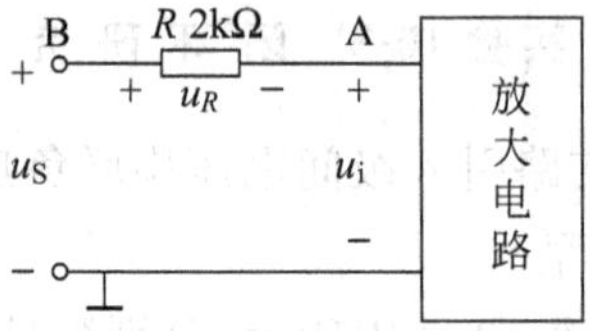

图　10.2

按表10.5中所示，测量开环和闭环时的$U_B(U_S)$和$U_A(U_i)$值，计算I_i和r_i的值，比较串联负反馈对放大器输入电阻的影响。

表　10.5

条件	U_B/V	U_A/V
开环		
闭环		

说明：测量U_B和U_A的值，则有

$$U_R = U_B - U_A = U_B - U_i$$

$$r_i = \frac{U_i}{I_i} = \frac{U_i}{U_R/R} = R\frac{U_A}{U_B - U_A}$$

因此可以算出放大器的输入电阻r_i。

5）研究负反馈对放大器通频带的影响

给定输入信号U_i=1mV保持不变，改变输入信号频率，测量开环和闭环时的上限、下限截止频率。监测U_o值的变化，找出f_L和f_H。对照实测结果，说明负反馈对展宽通频带所起的作用。

5. 总结要求

（1）总结多级放大器放大倍数的计算关系；

（2）根据实验结果，总结负反馈对放大器动态性能的各方面影响。

实验 11　直流稳压电源实验

1. 实验目的

（1）掌握晶体管串联直流稳压电源的工作原理和电压调节方法；
（2）了解限流式过流保护电路的保护作用。

2. 实验仪器和设备

（1）电力电子技术实验箱；
（2）双踪数字示波器(RIGOL DS1062CA)；
（3）数字万用表(FLUKE 17B)。

3. 实验电路

实验电路如图 11.1 所示。图中小孔表示实验箱面板上的接线孔或测量孔。

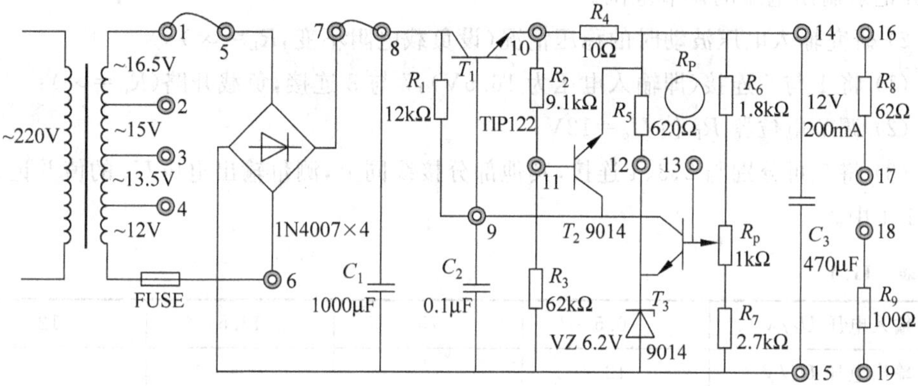

图 11.1　直流稳压电源图

直流电源的主要技术指标有以下三个：

（1）稳压系数 S——负载电流 I_L 和环境温度不变时，电源电压 U_1 的相对变化与由它所引起的 U_o 的相对变化的比值，即

$$S=\frac{\Delta U_o}{U_o}\bigg/\frac{\Delta U_1}{U_1}$$

（2）输出电阻(也称内阻)r_o——电源电压 U_1 和环境温度不变时，由于负载电流 I_L 变化所引起的 U_o 变化的比值，即

$$r_o=\frac{\Delta U_o}{\Delta I_L}$$

(3) 纹波电压 $\widetilde{U}_O$——稳压电源输出直流电压 U_o 上所叠加的交流分量。通常在 I_L 最大时 $\widetilde{U}_O$ 也最大。实际应用中,$\widetilde{U}_O$ 常用纹波的峰-峰值 ΔU_{oPP} 表示,以便对不同的稳压电源的性能进行比较。ΔU_{oPP} 可用示波器测量。

4. 预习要求

(1) 分析图 11.1 所示电路中的负反馈过程;

(2) 估算该电路输出电压的范围;

(3) 图中晶体三极管 T_2 起限流保护作用,试分析其原理。

5. 实验内容

按图 11.1 连接电路,确认无误后方可通电。

1) 测试输出电压的可调范围

(1) 将 1 与 5 连接(即输入电压 $U_2=16.5V$),7 与 8 连接,负载开路($R_L=\infty$);

(2) 将图 11.1 所示的电位器 R_P 逆时针调到底,再慢慢增大 R_P,观察输出电压的变化,并记录输出电压的调节范围。

2) 研究输入电压波动时的稳压情况(设负载电阻不变,$R_L=\infty$)

(1) 将 1 与 5 连接(即输入电压为 16.5V),7 与 8 连接,负载开路($R_L=\infty$);

(2) 调节电位器 R_P 使 $U_o=12V$;

(3) 将 5 再分别与 2、3、4 连接,其他部分接线同上,测量输出电压 U_o 的值并记录于表 11.1 中。

表 11.1

输入电压 U_2/V	16.5	15	13.5	12
输出电压 U_o/V	12			

3) 负载电阻变化时的稳压情况

(1) 将 1 与 5 连接(即输入电压为 16.5V),7 与 8 连接,负载开路($R_L=\infty$);

(2) 调节电位器 R_P 使 $U_o=12V$;

(3) 再将负载电阻分别改为 162Ω、100Ω、62Ω,测量输出电压 U_o 的值并记录于表 11.2 中。

表 11.2

负载电阻 R_L/Ω	∞	162	100	62
输出电压 U_o/V	12			

4）观察输入、输出端直流电压的纹波

(1) 将 1 与 5 连接(即输入电压为 16.5V)，7 与 8 连接，负载开路($R_L=\infty$)。

(2) 调节电位器 R_P 使 $U_o=12V$。

(3) 将示波器 1 通道探头的地线接至“15”端，测试线接至“14”端，2 通道的测试线接至“8”端。接通电源，观察并测量输入、输出直流电压的纹波，并记录于表 11.3 中。

表　11.3

ΔU_{iPP}/V	
ΔU_{oPP}/V	

6. 实验总结

分析实验数据，并与预习的结果相比较。

实验 12　可控硅单相全波整流及调压实验

1. 实验目的

(1) 了解触发集成电路 TCA785 的使用方法；

(2) 研究晶闸管单相半控/全控整流电路及其调压方法。

2. 实验仪器和设备

(1) 电力电子技术实验箱；

(2) 双踪数字示波器(RIGOL DS1062CA)；

(3) 数字万用表(FLUKE 17B)。

3. 预习内容

(1) 阅读本实验附录，了解 TCA785 的使用方法；

(2) 分析单相全波全控整流电路的输出电压和晶闸管的端电压的波形；

(3) 分析单相全波半控整流电路的输出电压和晶闸管的端电压的波形。

4. 实验内容

实验 12-1　TCA785 触发电路分析与研究

TCA785 的触发电路如图 12.1 所示。

1) 连接实验电路

(1) 按图 12.1 将电源 U_2 的"1"和"2"对应接至 TCA785 电路的"1"和"2"端；

(2) 将实验箱左上角的±15V 给定电压部分的 U_g 接 TCA785 触发电路的"3"端，并将开关 S 拨向正给定，将给定电压调节旋钮 R_P 逆时针旋到底；

(3) 将 TCA785 触发电路中的 R_P 调节旋钮用小号"一"字螺丝刀顺时针调节到底。

2) TCA785 触发电路各点波形的观察。

(1) 观察同步电压信号(4、2 端)和锯齿波信号(7、2 端)

锯齿波的斜率由 TCA785 芯片"9"、"10"的电阻所确定。观察同步电压信号及锯齿波信号的频率和相位应与电源 U_2 的信号相同，否则 α 移相角将不能满足要求。

(2) 观察控制角 α 的调整

将示波器 1 通道探头的地线接至"2"端，测试线接至"1"端，测量输入电压 u_2，2 通道的测试线接至"5"端，测量触发脉冲。此时 $U_g=0$，α 角为 180°。然后将实验箱面板上标注为 R_P 的旋钮顺时针旋转，则 U_g 逐渐增加。随着 U_g 增加，"5"端的脉冲向左移动，α

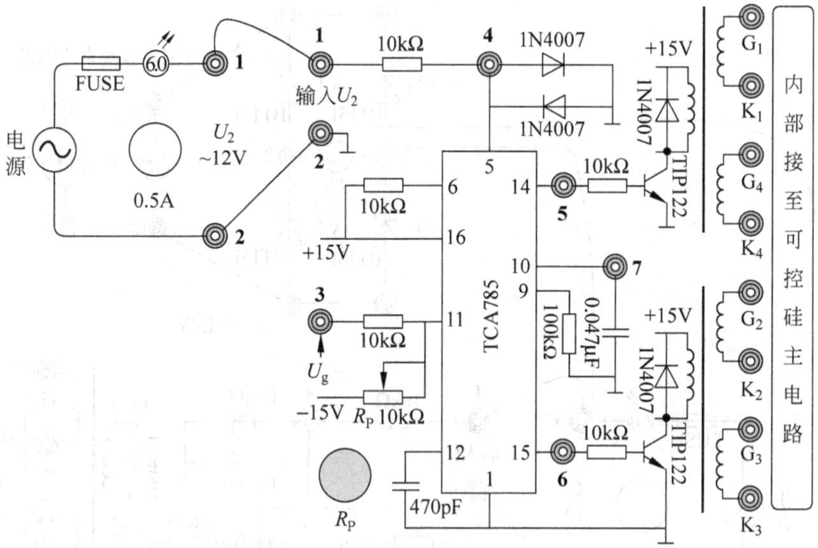

图 12.1　TCA785 触发电路图

角由 180°～0°变化。

U_g 和输入电压共地，用万用表直流挡测量 α 角从 30°到 90°所对应的 U_g，将测量结果记录于表 12.1 中。

表 12.1　实验 12-1 测量结果记录表

给定电压 U_g/V					
控制角 α/(°)	30	45	60	75	90

实验 12-2　单相桥式全控整流电路实验

实验电路如图 12.2 所示。

(1) 按图 12.2 将所有线连接上，并检查连接是否正确；将实验箱面板上标有 R_P 的给定电压调节旋钮逆时针调到底，开关 S 拨至正给定，然后接通电源。

(2) 研究电阻负载时输出电压与输入电压的关系。

将示波器 1 通道探头的地线接至“2”端，测试线接至“1”端(输入电压 u_2)。

① 调节给定电压 U_g 到 $\alpha=30°$时的对应值。

② 用示波器测量输入电压 U_2(有效值)。

③ 主电路接入灯泡负载，用万用表直流挡测输出电压 $U_{o(av)}$，并将结果记录到表 12.2 中。

④ 调节 U_g，分别使 $\alpha=60°$和 90°，用万用表直流挡测灯泡负载时的输出电压 $U_{o(av)}$，

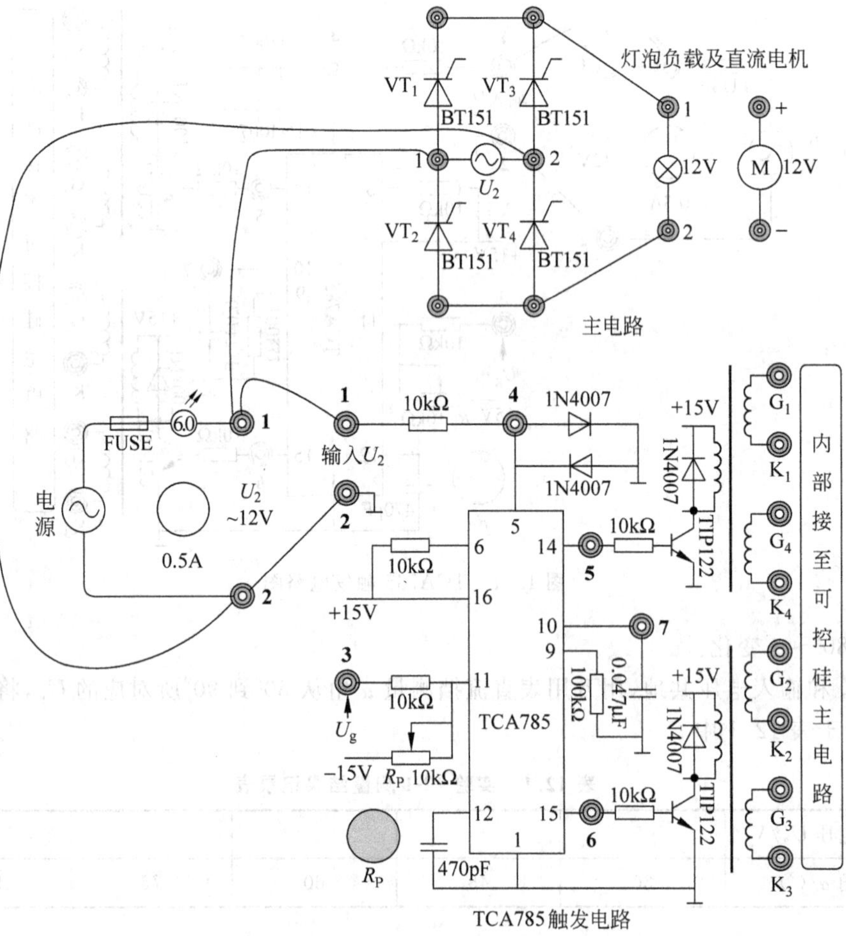

图 12.2 单相桥式全控整流电路图

并将结果记录到表 12.2 中。

表 12.2 负载为灯泡时的输出电压表

控制角 α/(°)	30	60	90
$U_{o(av)}$ 理论值/V			
$U_{o(av)}$ 测量值/V			

(3) 研究电动机作负载时输出电压与输入电压的关系。

步骤与(2)相同,将实验数据记录到表 12.3 中。

表 12.3　负载为电动机时的输出电压表

控制角 α/(°)	30	60	90
$U_{o(av)}$ 理论值/V			
$U_{o(av)}$ 测量值/V			

(4) 观察主电路接入电阻负载时输出电压、晶闸管的端电压的波形。

① 主电路接入灯泡负载。

② 将示波器 1 通道探头的地线接至主电路 VT_1 的阳极，测试线接至主电路 VT_1 的阴极(因为 VT_1 的端电压 u_{VT1} 正方向由阳极指向阴极，因此此时观察的是 $-u_{VT1}$)，2 通道的测试线接至主电路的“2”端(输入电压 u_2)。调节 U_g，使 $\alpha=60°$。在图 12.3 中记录输入电压 u_2 和晶闸管 VT_1 的端电压 u_{VT1} 的波形。

③ 将示波器 1 通道探头的地线接至主电路 VT_4 的阴极，测试线接至主电路 VT_4 的阳极(VT_4 的端电压 u_{VT4})，2 通道的测试线接至主电路的“1”端(输入电压 u_2)。在图 12.3 中记录晶闸管 VT_4 的端电压 u_{VT4} 对应 u_2 的波形。

④ 将示波器 1 通道探头的地线接至主电路 VT_1 的阴极，测试线接至主电路 VT_1 的阳极(VT_1 的端电压 u_{VT4})，2 通道的测试线接至灯泡负载的“2”端(输出电压 u_o)。在图 12.3 中用示波器观察并记录输出电压 u_o 对应 u_{VT1} 的波形。

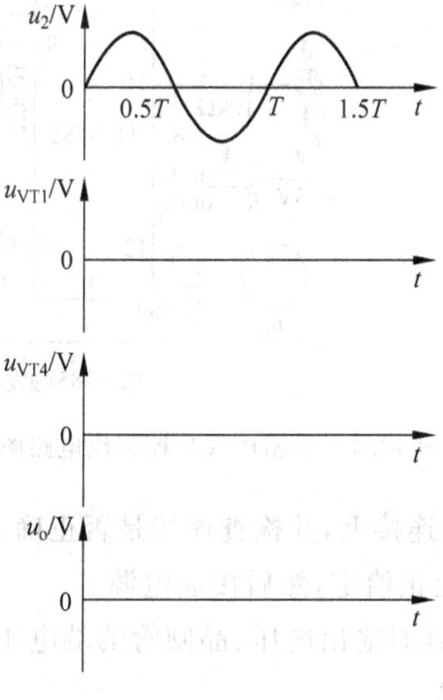

图 12.3　实验 12-2 记录波形图

实验 12-3 单相桥式半控整流电路实验

实验电路如图 12.4 所示。

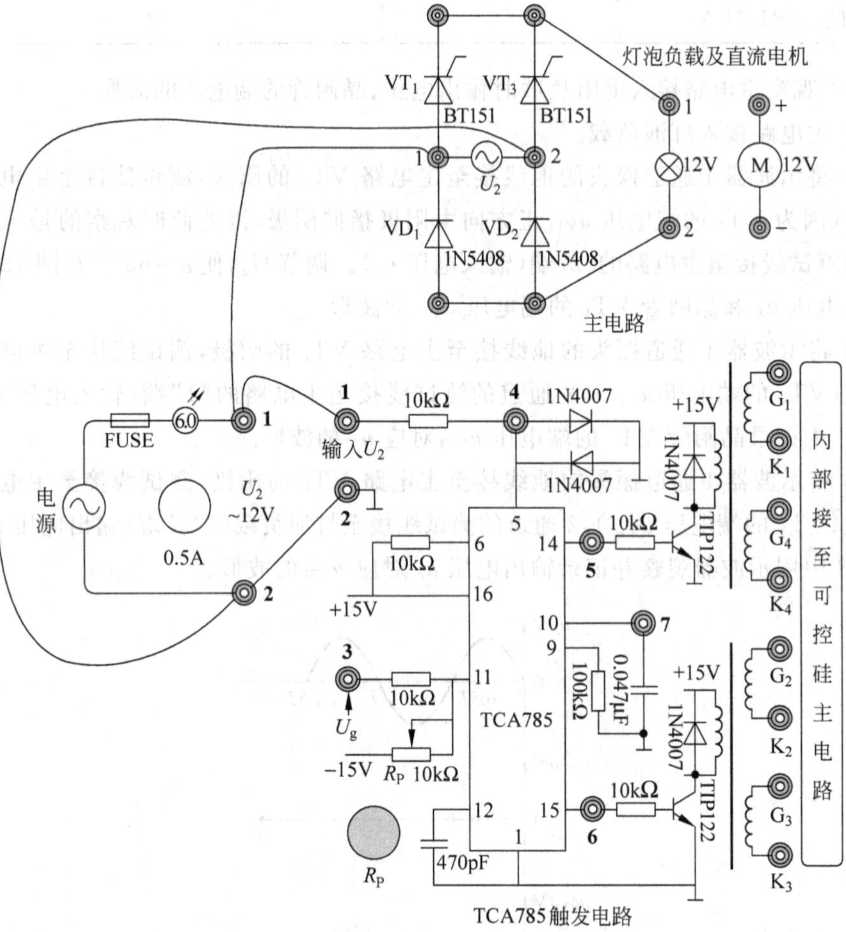

图 12.4 单相桥式半控整流电路图

(1) 按图 12.4 将所有线连接上，并检查连接是否正确。将实验面板上标注为 R_P 的旋钮逆时针调到底，开关拨至正给定，然后接通电源。

(2) 观察接入纯电阻负载时输出电压、晶闸管的端电压的波形。

① 主电路接入灯泡负载。

② 将示波器 1 通道探头的地线接至主电路的“1”端，测试线接至主电路 VT_1 的阴极（VT_1 的端电压 $-u_{VT1}$，正方向由阳极指向阴极），2 通道的测试线接至主电路的“2”端

(输入电压 u_2)。

③ 调节 U_g,使 $\alpha=60°$左右。在图 12.5 中记录输入电压 u_2、晶闸管 VT_1 的端电压 u_{VT1}和输出电压 u_o 的波形,并将所测波形与预习的分析结果进行比较。

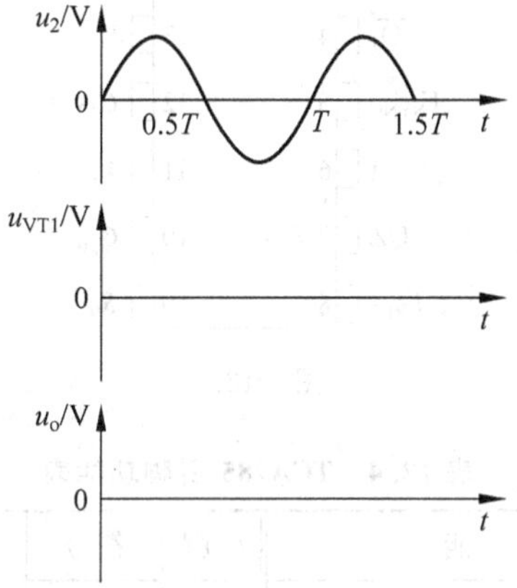

图 12.5　实验 12-3 记录波形图

5. 实验总结

(1) 分析实验数据。

(2) 分析单相全波半控/全控整流电路的输出电压和晶闸管的端电压的波形的测量,并与预习的分析结果进行比较。

6. 注意事项

(1) 示波器通道 2 的接地端不允许使用,以免烧坏器件。

(2) 建议给每个夹子夹一根线,测到哪里,线头插到哪里。

(3) 示波器测试端和接地端的夹子不能互相触碰,以免引起短路。

(4) 每次要更改接线时,一定要先关掉试验箱电源。

附录　TCA785 简介

TCA785 是德国西门子(Siemens)公司于 1988 年前后开发的第三代晶闸管单片移相触发集成电路,广泛应用于变流行业。它是取代 TCA780 及 TCA780D 的更新换代产品,其引脚排列与 TCA780、TCA780D 和国产的 KJ785 完全相同,可以互换。

TCA785 的引脚图如图 12.6 所示,各引脚的功能如表 12.4 所示。

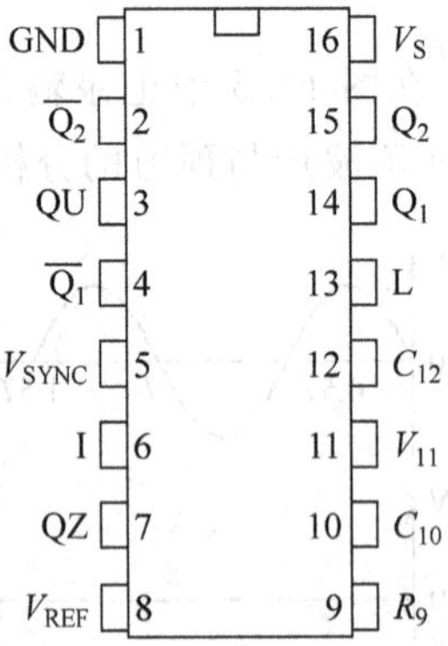

图 12.6

表 12.4 TCA785 引脚功能表

引脚	符号	功　能	引脚	符号	功　能
1	GND	接地端	9	R_9	锯齿波电阻连接端
2	$\overline{Q_2}$	输出脉冲 2 的非端	10	C_{10}	外接锯齿波电容连接端
3	QU	逻辑脉冲信号端	11	V_{11}	Q_1、Q_2 移相控制直流电压输入端
4	$\overline{Q_1}$	输出脉冲 1 的非端	12	C_{12}	Q_1、Q_2 脉宽控制端
5	V_{SYNC}	同步电压输入端	13	L	Q_1 非、Q_2 非脉宽控制端
6	I	脉冲信号禁止端	14	Q_1	输出脉冲 1 端
7	QZ	逻辑脉冲信号端	15	Q_2	输出脉冲 2 端
8	V_{REF}	高稳定基准电压输出端	16	V_S	电源端

使用时，接地端与直流电源 V_S、同步电压 V_{SYNC} 及移相控制信号 V_{11} 的地端相连接。

引脚 4($\overline{Q_1}$)和 2($\overline{Q_2}$)输出相位互差 180°的脉冲信号。脉冲的宽度均受非脉冲宽度控制端引脚 13(L)的控制，输出脉冲的高电平最高幅值为电源电压 V_S，允许最大负载电流为 10mA，不用时可开路。

引脚 14(Q_1)和 15(Q_2)也可输出宽度变化的脉冲，相位同样互差 180°，脉冲宽度由控制端引脚 12(C_{12})控制，输出脉冲的高电平最高幅值为电源电压 V_S。

引脚 13(L)：非输出脉冲宽度控制端。该端允许施加电平的范围为 −0.5V～V_S，当该端接地时，Q_1、Q_2 为最宽脉冲输出，而当该端接电源电压 V_S 时，Q_1、Q_2 为最窄脉冲输出。

引脚 12(C_{12})：输出 Q_1、Q_2 脉宽控制端。应用中，通过一电容接地，电容 C_{12} 的电容量范围为 150～4700pF，当 C_{12} 在 150～1000pF 范围内变化时，Q_1、Q_2 输出脉冲的宽度

亦在变化，该两端输出窄脉冲的最窄宽度为 100μs，而输出宽脉冲的最宽宽度为 2000μs。

引脚 11(V_{11})：输出脉冲 Q_1、Q_2 移相控制直流电压输入端。应用中，通过输入电阻接用户控制电路输出，当 TCA785 工作于 50Hz，且自身工作电源电压 V_S 为 15V 时，则该电阻的典型值为 15kΩ，移相控制电压 V_{11} 的有效范围为 0.2V～(V_S-2)V；当其在此范围内连续变化时，输出脉冲 Q_1、Q_2 的相位便在整个移相范围内变化，其触发脉冲出现的时刻为 $t_{rr}=(V_{11}R_9C_{10})/(V_{REF}K)$，式中 R_9、C_{10}、V_{REF} 分别为连接到 TCA785 引脚 9 的电阻、引脚 10 的电容及引脚 8 输出的基准电压，K 为常数。为降低干扰，应用中引脚 11 通过 0.1μF 的电容接地。

引脚 10(C_{10})：外接锯齿波电容连接端。C_{10} 的实用范围为 500pF～1μF。该电容的最小充电电流为 10μA。最大充电电流为 1mA，它的大小受连接于引脚 9 的电阻 R_9 控制，C_{11} 两端锯齿波的最高峰值为(V_S-2)V，其典型后沿下降时间为 80μs。

引脚 9(R_9)：锯齿波电阻连接端。该端的电阻 R_9 决定着 C_{10} 的充电电流，其充电电流可按下式计算：$I_{10}=V_{REF}K/R_9$，连接于引脚 9 的电阻亦决定了引脚 10 锯齿波电压幅度的高低，锯齿波幅值为：$V_{10}=V_{REF}Kt/(R_9C_{10})$，电阻 R_9 的应用范围为 3～300kΩ。

引脚 8(V_{REF})：TCA785 自身输出的高稳定基准电压端。负载能力为驱动 10 块 CMOS 集成电路，随着 TCA785 应用的工作电源电压 V_S 及其输出脉冲频率的不同，V_{REF} 的变化范围为 2.8～3.4V，当 TCA785 应用的工作电源电压为 15V，输出脉冲频率为 50Hz 时，V_{REF} 的典型值为 3.1V，如用户电路中不需要应用 V_{REF}，则该端可以开路。

引脚 7(QZ)和 3(QU)：TCA785 输出的两个逻辑脉冲信号端。其高电平脉冲幅值最大为(V_S-2)V，高电平最大负载能力为 10mA。QZ 为窄脉冲信号，它的频率为输出脉冲 Q_1 与 Q_2 的两倍，是 Q_1 与 Q_2 的或非信号。QU 为宽脉冲信号，它的宽度为移相控制角 $\varphi+180°$，它与 Q_1、Q_2 同步，频率与 Q_1、Q_2 相同。该两逻辑脉冲信号可用来提供给用户的控制电路作为同步信号或其他用途的信号，不用时可开路。

引脚 6(I)：脉冲信号禁止端。该端的作用是封锁 Q_1、Q_2 的输出脉冲。该端通常通过阻值 10kΩ 的电阻接地或接正电源，允许施加的电压范围为−0.5V～V_S，当该端通过电阻接地，且该端电压低于 2.5V 时，则封锁功能起作用，输出脉冲被封锁。而该端通过电阻接正电源，且该端电压高于 4V 时，则封锁功能不起作用。该端允许低电平最大灌电流为 0.2mA，高电平最大拉电流为 0.8mA。

引脚 5(V_{SYNC})：同步电压输入端。应用中需对地端接两个正反向并联的限幅二极管，该端吸取的电流为 20～200μA，随着该端与同步电源之间所接的电阻阻值的不同，同步电压可以取不同的值。当所接电阻为 200kΩ 时，同步电压可直接取交流 220V。

TCA785 的基本设计特点有：能可靠地对同步交流电源的过零点进行识别，因而可方便地用作过零触发而构成零点开关；它具有宽的应用范围，可用来触发普通晶闸管、快速晶闸管、双向晶闸管及作为功率晶体管的控制脉冲，故可用于由这些电力电子器件组成的单管斩波、单相半波、半控桥、全控桥或三相半控、全控整流电路及单相或三相逆变系统或其他拓扑结构电路的变流系统；它的输入、输出与CMOS及TTL电平兼容，具有较宽的应用电压范围和较大的负载驱动能力，每路可直接输出250mA的驱动电流；其电路结构决定了自身锯齿波电压的范围较宽，对环境温度的适应性较强，可应用于较宽的环境温度范围（－25～＋85℃）和工作电源电压范围（－0.5～＋18V）。

实验 13　模拟运算电路实验

1. 实验目的

（1）熟悉集成运算放大器的性能，掌握其使用方法；

（2）研究集成运算放大器的典型线性应用电路，掌握其工作原理及调试方法。

2. 实验仪器

（1）LDS21010H 数字存储示波器；

（2）数字万用表；

（3）模拟电路实验箱。

3. 实验内容

实验 13-1　反相求和放大电路

（1）预习：图 13.1 中，电阻 R_3 应为多大？计算 $U_o = f(U_{i1}, U_{i2}) = ?$

（2）实验电路如图 13.1 所示。根据预习确定的 R_3 的阻值，按表 13.1 的要求进行测量，并判断是否与理论计算相符。

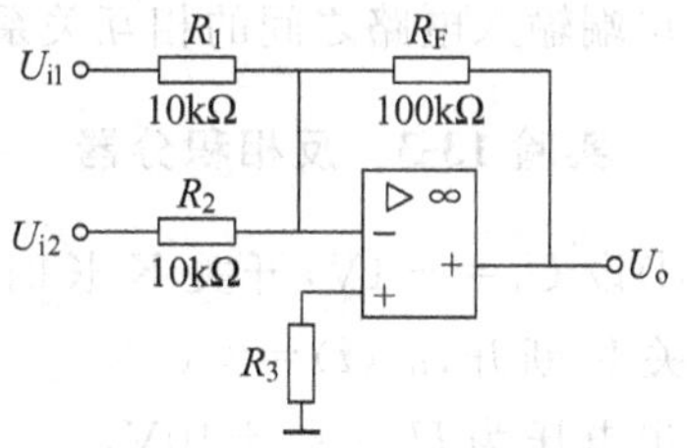

图 13.1　实验 13-1 电路图

表　13.1

U_{i1}/V	0.3	−0.3
U_{i2}/V	0.2	0.2
U_o/V		

实验 13-2　双端输入放大电路

(1) 预习：图 13.2 中，设 $R_1=R_3$，$R_2=R_4$。求：$U_o=f(U_{i1},U_{i2})=$？ $A_f=$？

(2) 实验电路如图 13.2 所示，完成表 13.2 所示内容的测量。

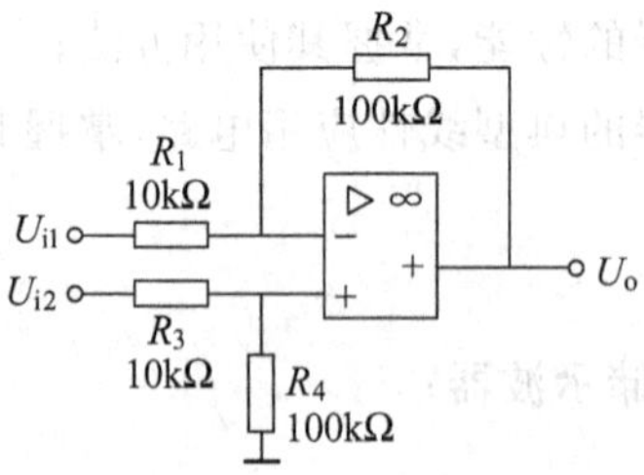

图 13.2　实验 13-2 电路图

表　13.2

U_{i1}/V	1	2	0.2
U_{i2}/V	0.5	1.8	−0.2
U_o/V			

(3) 总结要求

① 对比三组实测数据，说明该电路的工作特点。

② 说明双端输入电路与单端输入电路之间的相互关系。

实验 13-3　反相积分器

(1) 预习：图 13.3 中，①设 $U_i=-1$V，开关 K 长时间闭合，$U_o=$？ $U_C=$？②设 $U_i=-1$V，时间 $t=0$ 时令开关 K 断开，$u_o(t)=$？($t\geqslant 0$)。设运算放大器的饱和输出电压为 $U_{omax}=\pm10$V，求有效积分时限 $t_M=$？

(2) 实验电路如图 13.3 所示。

① 令 $U_i=-1$V，操作开关 K，用示波器观察 u_o 随时间变化的规律。

② 实测饱和输出电压 U_{omax} 及有效积分时限 t_M 的值。

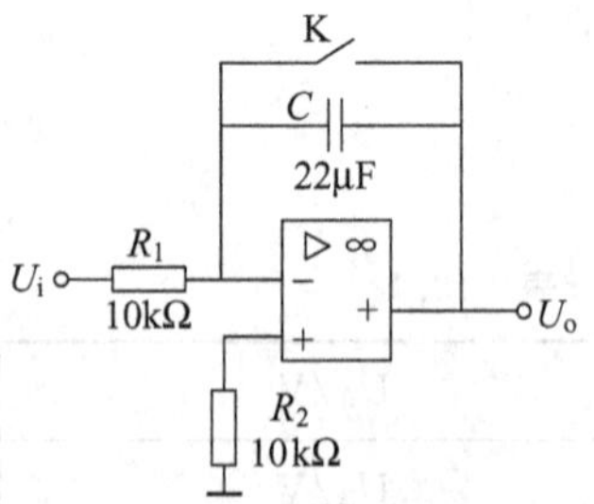

图 13.3　实验 13-3 电路图

(3) 改变图 13.3 所示的外接电路参数，使 $C=0.1\mu$F，其他参数不变。K 打开，输入端加入 $U_i=1$V，$f=100$Hz 的正弦信号，用双线示波器观察 u_o 与 u_i 的大小及相位关系，研究该电路对正弦信号的运算功能。

(4) 令图 13.3 中的 $R_1 = R_2 = 1\text{M}\Omega$，$C = 22\mu\text{F}$，输入 500Hz、±6V 的方波信号，观察输出端的波形。

实验 13-4　运算电路(设计型实验)

现有 3 个集成运算放大器、10 个 10kΩ 的电阻及 3 个 20kΩ 的电阻，试设计一个运算电路，该电路能实现如下运算：

$$U_o = 2U_{i1} - 3U_{i2}$$

并通过实验验证自己的设计是否正确。将设计图及实验方案交由指导教师审查后，方可进行实验。

实验 13-5　低通滤波器

实验电路如图 13.4 所示。

1) 预习内容

写出图示电路的增益特性 $A_u(j\omega) = \dot{U}_o / \dot{U}_i$ 的表达式，计算截止频率 f_0，分析 A_u 的幅频特性。

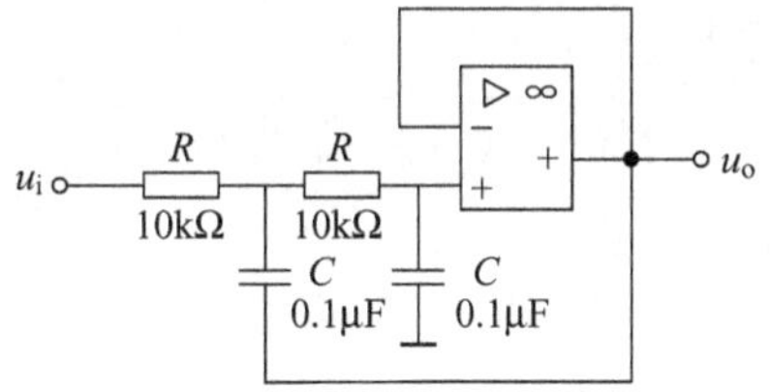

图 13.4　实验 13-5 电路图

2) 实验内容

按表 13.3 中的内容进行测量，并画出电路增益的幅频特性曲线。

表　13.3

U_i/V	1	1	1	1	1	1	1
f/Hz	0	50	90	110	130	160	180
U_o/V							

实验 13-6　带阻滤波器(设计型实验)

双 T 带阻滤波器电路如图 13.5 所示，推导此电路的传递函数及电路增益的幅频特性函数。设计一个中心频率 f_0 为 50Hz 的双 T 带阻滤波器，选择元件参数并进行实验。

实测 f_0 并测出电路增益的幅频特性，画出相应曲线。（参考数据：$R=626\text{k}\Omega$，$C=5100\text{pF}$，$2C$ 即采用两个 5100pF 的电容并联，$R_1=2.7\text{k}\Omega$，$R_2=8.2\text{k}\Omega$。）

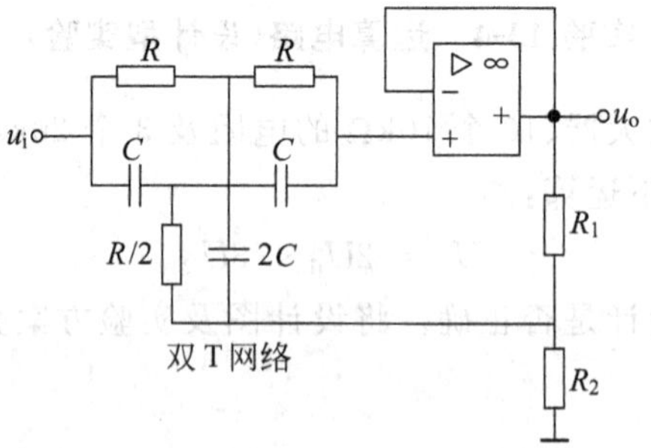

图 13.5

4. 总结要求

（1）根据实测数据，说明电路的工作特点。

（2）根据实验记录，画出电路增益的幅频特性曲线。

实验 14　波形产生电路实验

1. 实验目的

进一步熟悉集成运算放大器的性能，研究集成运算放大器的典型非线性应用电路的方波发生器、锯齿波发生器及正弦波发生器，掌握其工作原理及调试方法。

2. 实验仪器

(1) LDS21010H 数字存储示波器；

(2) 数字万用表；

(3) 模拟电路实验箱。

3. 实验内容

实验 14-1　方波发生器

实验电路如图 14.1 所示，其中双向稳压管的稳压值为±6V。

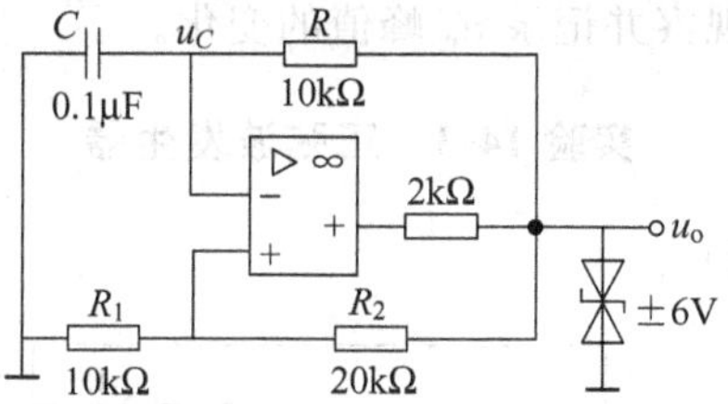

图 14.1　实验 14-1 电路图

1) 预习内容

(1) 分析电路的工作原理，定性画出 u_o 和 u_C 的波形；

(2) 计算 u_o 的频率。

2) 实验内容

(1) 按图 14.1 所示接线(使用元件时参看附录 9 中"元件库"的说明)，用示波器观察 u_o 和 u_C 的波形，估测 u_o 的频率，与预习的结果比较；

(2) 更换 R，使 $R=100\text{k}\Omega$，重复上述内容。

实验 14-2　锯齿波发生器

实验电路如图 14.2 所示。

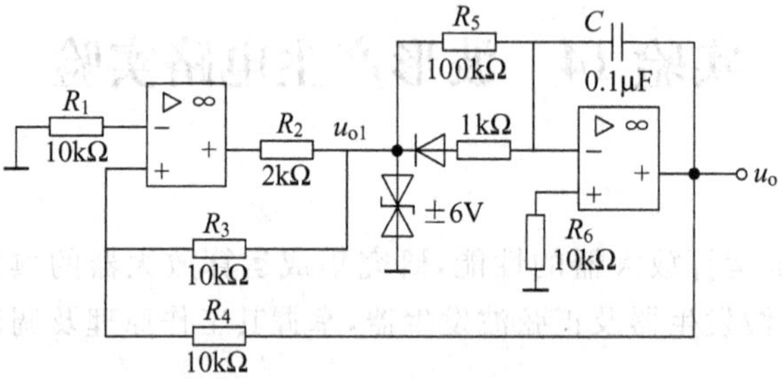

图 14.2 实验 14-2 电路图

1）预习内容

（1）图 14.2 中，如果稳压管的稳压值为±6V，那么 u_o 的峰值为多少？

（2）估算锯齿波 u_o 的周期 T=？

2）实验内容

（1）按图 14.2 所示接线，用示波器观察 u_o 的波形，测量并记录 u_o 的峰值及周期，与预习值比较。

（2）观察稳压管两端的电压 u_{o1} 的波形，测量 u_{o1} 的幅度。

（3）改变 R_5 的大小，观察并记录 u_o 周期性的变化。

（4）改变 R_3 的大小，观察并记录 u_o 峰值的变化。

实验 14-3 正弦波发生器

实验电路如图 14.3 所示。

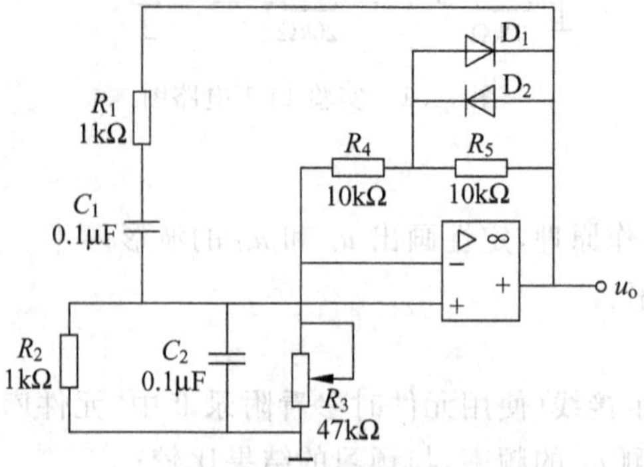

图 14.3 实验 14-3 电路图

1）预习内容

（1）图 14.3 中，R_3 大致为多大才能起振？

（2）估算正弦波的频率 f_0=？

2）实验内容

（1）按图 14.3 所示接线。用示波器监测 u_o 的波形，调节 R_3，直到产生满意的振荡。用示波器观察振荡幅度 U_{om} 的变化情况，估测振荡频率 f_0，与预习结果比较。

（2）将 R_3 调大或调小，观察振荡波形的变化。

4. 总结要求

（1）根据对示波器的观察，在同一坐标系中画出方波发生器 u_o 和 u_C 的波形，标出特殊点的坐标值；

（2）根据对示波器的观察，在同一坐标系中画出锯齿波发生器 u_o 和 u_{o1} 的波形，标出特殊点的坐标值；

（3）总结使正弦波发生器起振的调试方法。

实验 15　组合逻辑电路、触发器和移位寄存器实验

1. 实验目的

(1) 学习用 TTL 门电路组成组合逻辑电路的设计、电路连接及测试方法；

(2) 学习 D 触发器和 J-K 触发器的应用；

(3) 用双向移位寄存器 74LS94 组成功能电路。

2. 实验仪器

(1) LDS21010H 数字存储示波器；

(2) 数字万用表；

(3) 数字电路实验箱。

3. 实验内容

实验 15-1　简单组合逻辑电路的设计

1) 半加器电路

使用四 2 输入与非门 74LS00，按图 15.1 所示接线，验证该图是否能实现半加和的逻辑运算。

2) 信号选通电路

按图 15.2 所示的框图用与非门设计一个满足函数 $Z=AM_1+\overline{A}M_2$ 的二选一电路，其中 M_1 和 M_2 分别是待选通的连续脉冲和单脉冲信号。用四 2 输入与非门 74LS00 实现。

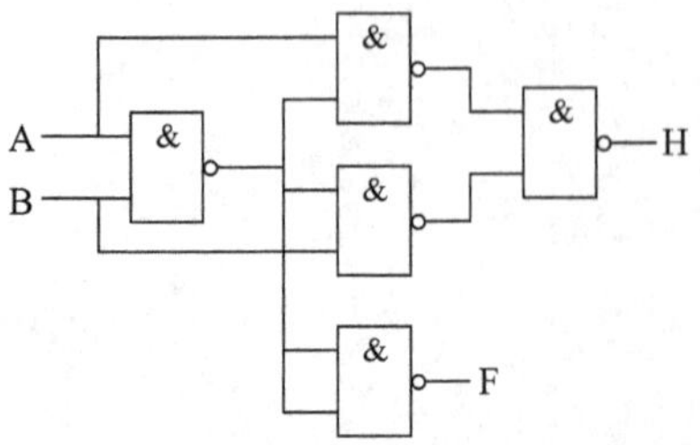

图 15.1　实验 15-1 半加器电路图

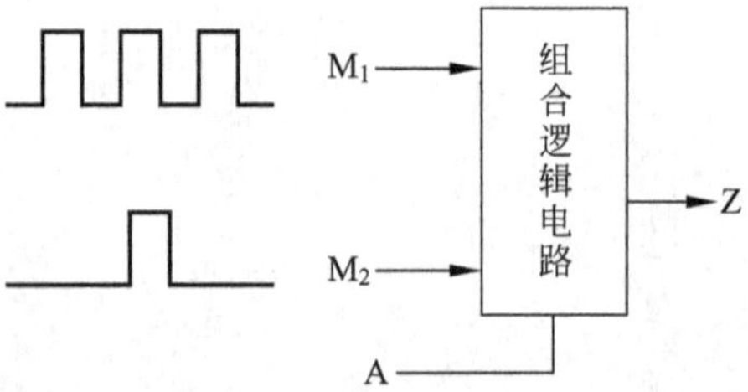

图 15.2　实验 15-1 信号选通电路的原理图

3) 二开关控制一盏灯的电路设计

按图 15.3 的框图用与非门设计一个组合逻辑电路，要求拨动 A、B 任一开关（闭合或断开），都会使发光二极管改变状态（原来亮则灭，原来灭则亮）。

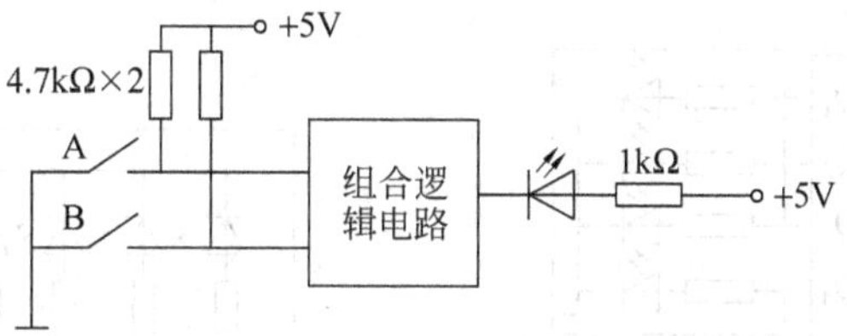

图 15.3　实验 15-1 二开关控制一盏灯的原理图

4）七段译码电路的设计

按图 15.4 所示的框图用与非门设计一个七段译码驱动电路，使之按照表 15.1 中的要求显示结果，并接线实现设计目的。用四 2 输入与非门 74LS00 实现。

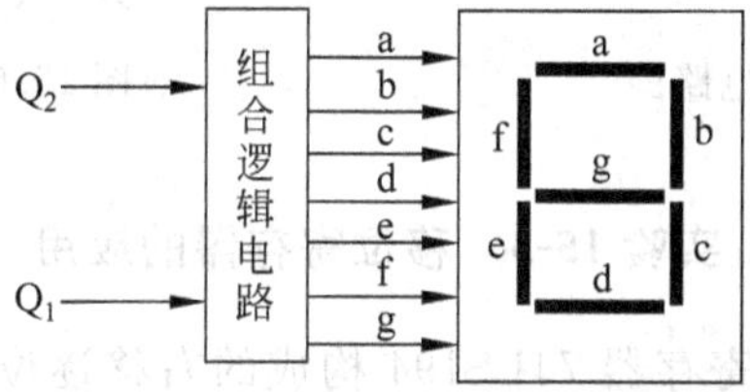

图 15.4　实验 15-1 七段译码电路的原理图

表　15.1

输出状态		数码管显示结果
Q_2	Q_1	
0	0	0
0	1	1(b,c 亮)
1	0	2
1	1	3

实验 15-2　D 触发器的应用练习

图 15.5 所示为用四 D 触发器 74LS175 构成的四路抢答判决电路。通常 K_1～K_4 均闭合。接通 K_5 后再打开，各 Q 端复位，发光二极管均不亮。一旦 K_1～K_4 中任一开关先打开，则相应的 Q 端置“1”；而其他迟打开的开关由于电路的具体构成将失去对其 Q 端的置“1”控制作用，从而实现了四路抢答判决功能。

试插接调试电路，观察实验结果。

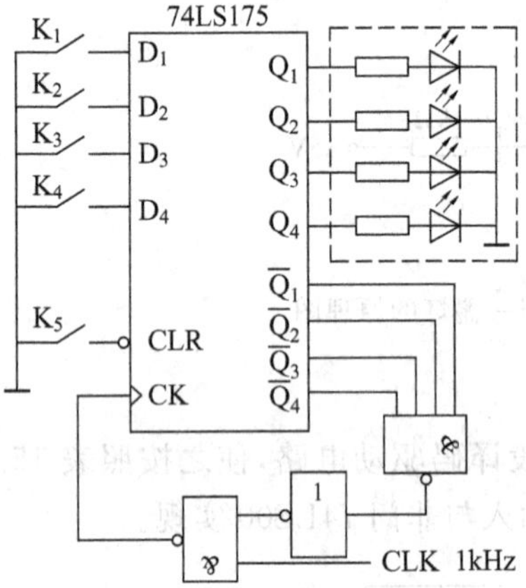

图 15.5 实验 15-2 电路图

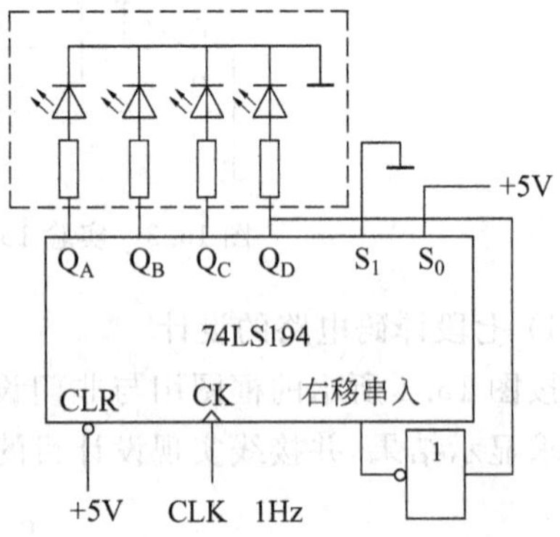

图 15.6 实验 15-3 电路图

实验 15-3 移位寄存器的应用

图 15.6 是用双向移位寄存器 74LS194 构成的右移逐位亮继而右移逐位灭的节日彩灯电路。按图所示接线，在 CLK 端加入 1Hz 的连续脉冲，观察发光二极管的亮灭规律。

4. 总结要求

(1) 图 15.5 所示的四路抢答判决电路中，假设两位抢答者打开开关的时间差小于 1ms，那么该电路是否还能正常运行？为什么？如何修改电路？

(2) 图 15.5 所示的四路抢答判决电路中，如果将开关 $K_1 \sim K_4$ 换成按键，如何修改电路？

(3) 根据图 15.6 所示的节日彩灯电路，如何用两片 74LS194 构成 8 个灯左移的节日彩灯电路？

实验 16　计数器实验

1. 实验目的

(1) 学习集成电路计数器 74LS90、74LS163 的使用方法；

(2) 用 74LS90 构成数字频率计及电子表计时电路。

2. 实验仪器

(1) LDS21010H 数字存储示波器；

(2) 数字万用表；

(3) 数字电路实验箱。

3. 实验内容

实验 16-1　计数器 74LS90 的使用

(1) 用一片 74LS90 组件按 8421-BCD 码接成十进制计数器，其 4 个输出端接到实验箱上的译码电路的输入端，而在 CP_A 端送入单脉冲，验证其逻辑功能。

(2) 用两片 74LS90 按 8421-BCD 码接成二十四进制计数器，计数结果的显示方式同(1)。

(3) 用一片 74LS90 按 5421-BCD 码接成十进制计数器，其 4 个输出端分别接到实验箱里的发光二极管上，计数信号仍用手动单脉冲，观察显示结果。

(4) 用两片 74LS90 按 5421-BCD 码接成二十四进制计数器，计数结果的显示方式同(3)。

实验 16-2　用四位同步二进制计数器 74LS163 构成分频器

(1) 试用一片 74LS163 按 8421 码接成十二进制计数器，把输出端接到发光二极管上显示输出结果。用示波器观察输入脉冲和各输出端的周期，哪一个输出端的频率是输入脉冲的 12 分频？注意将其清零方式与 74LS90 相比较。

(2) 试利用两片 74LS163 组件的置入端和进位端，构成模数为 240 的分频器。

实验 16-3　数字频率计

1) 数字频率计的原理

数字频率计是一种能测出某一变化信号的频率并用数字形式显示测量结果的仪

器。图 16.1 为数字频率计的基本框图。图中,设 u_x 是经过整形的某一频率的被测脉冲信号,当持续 1s 的闸门控制信号到来后,与非门(闸门)处于开门状态,u_x 得以通过,进入计数器并被累计起来。1s 后,闸门控制信号为 0,闸门关闭,于是显示器上显示的数字就是"脉冲数/秒",这正是 u_x 的频率数。

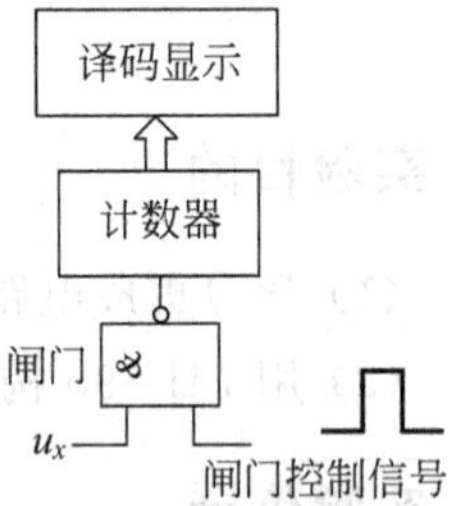

图 16.1　数字频率计原理框图

2) 实验电路

数字频率计的电路原理图如图 16.2 所示,其中四位译码显示电路在实验箱上已接好,实验者的任务是用 2 片 74LS90 完成计数器部分的设计。

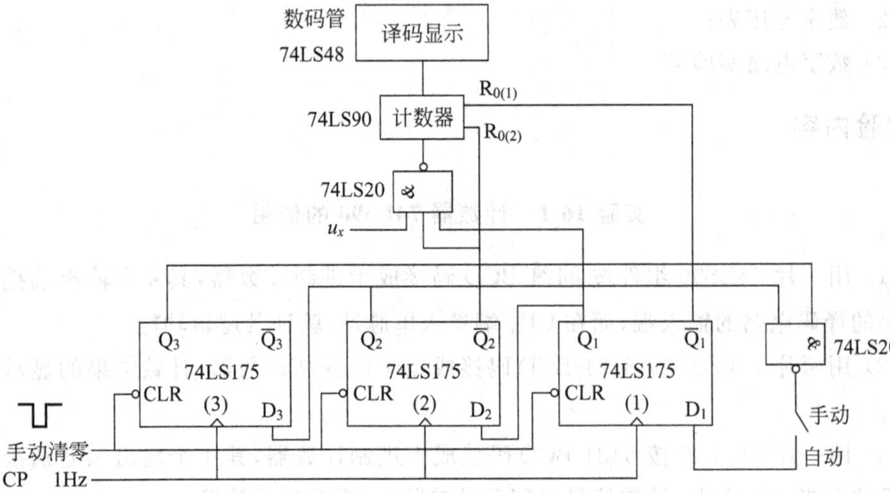

图 16.2　数字频率计实验电路图

3) 时序控制原理

(1) 自动测量

图 16.2 中,3 个 D 触发器构成可自启动的环形计数器,$Q_3Q_2Q_1$ 状态转换的有效循环如下:

0[01]→011→111→110→1[00]→001→0[01]　循环

计数　　显示　　自动清 0　　计数

当环形计数器进入有效循环后,由于闸门控制信号为 $\overline{Q}_2Q_1$,当 $\overline{Q}_2Q_1=11$ 时(持续 1s),测频计数器开始计数。而测频计数器的清 0 信号为 $\overline{Q}_2\overline{Q}_1$,所以,当 $\overline{Q}_2$、$\overline{Q}_1=11$ 时,测频计数器清 0。其余时间为频率显示时间。如此依次循环下去。

(2) 手动测量

断开图 16.2 中 D_1 的连线,$Q_3Q_2Q_1$ 的工作状态变为

手动清 0→0 [00]→0 [01]→011→111(再不变)

计数 显示

这样,经一次测量后,测量结果将一直显示下去,直到再次人为手动清 0 为止。

4) 实验内容

(1) 完成图 16.2 中的计数器部分电路的设计,画好 74LS175、74LS20 和 74LS90 的接线图(查附录 8,标注出各集成电路芯片的引脚号),并完成接线。

(2) 测量实验箱上的 10Hz、100Hz、1kHz 标准时钟脉冲,观察测量结果。

(3) 测量实验箱上的可调频率脉冲。

实验 16-4 电子表电路设计

1) 实验说明

(1) 电子表中"小时"显示的特点之一是 12 点钟后不清 0,而接着显示 1 点钟。一般的十二进制计数器是采用"0→11"的循环计数过程,因而不能完成上述任务;再者是小时数不足 10 点钟时,只显示个位,不显示十位,如 8 点钟时只显示"8",而不显示"08"。图 16.3 所示的"小时"计数显示电路就是针对上述情况而设计的。

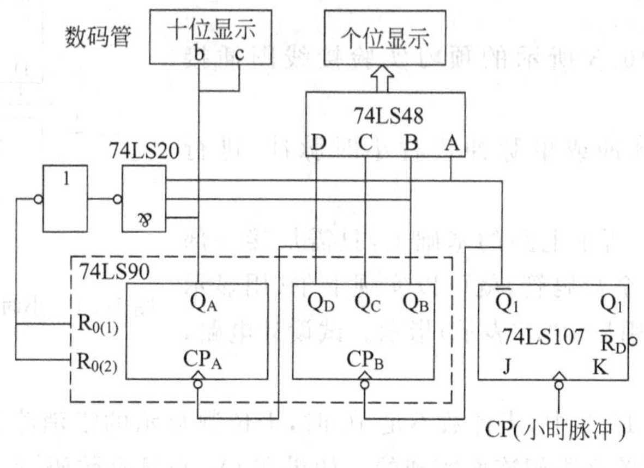

图 16.3 电子表实验电路图

(2) 图 16.3 中,74LS107 中的一个 JK 触发器与 74LS90 中的五进制计数单元相连接,构成 8421 码十进制计数器,以显示小时的"个位";利用 74LS90 中的二进制计数单元驱动小时的十位数显示。

在小时脉冲控制下,各 Q 端状态与显示结果的对应关系如表 16.1 所示。由表 16.1 可以看出,当第 12 个 CP 到来时,本应显示"13",但由于控制逻辑的作用,只要"13"一出现(即 $Q_AQ_B\overline{Q}_1=111$),就立即使 74LS90 和 74LS107 清 0,于是显示器个位便出现稳定的数码“1”。

(3) 本实验所用数码管为共阴极数码管。若将图 16.3 中十位数的 7 段显示数码管的 b、c 段与 Q_A 相连(其他各段悬空)，可使当 $Q_A=1$ 时显示“1”，Q_A 为 0 时全暗。

表　16.1

小时脉冲/CP		0	1	2	3	4	5	6	7	8	9	10	11	12
各 Q 端状态	Q_A	0	0	0	0	0	0	0	0	0	1	1	1	1
	Q_D	0	0	0	0	0	0	0	1	1	0	0	0	0
	Q_C	0	0	0	1	1	1	1	0	0	0	0	0	0
	Q_B	0	1	1	0	0	1	1	0	0	0	0	1	1
	$\overline{Q}_1$	1	0	1	0	1	0	1	0	1	0	1	0	1
显示结果		1	2	3	4	5	6	7	8	9	10	11	12	1

2) 预习要求

(1) 理解小时计数显示电路的工作原理。

(2) 按图 16.3 所示的电路原理图画出实验接线图。

3) 实验内容

(1) 根据图 16.3 所示的预习实验接线图插接电路。

(2) 用 1Hz 脉冲或单脉冲代替小时脉冲，进行实验。

(3) 在图 16.3 所示电路的基础上，只需加接一部分简单电路和第 3 个数码管，就可以实现上午(用显示“A”表示)和下午(用显示“P”表示)指示。试设计电路，并接线实验。

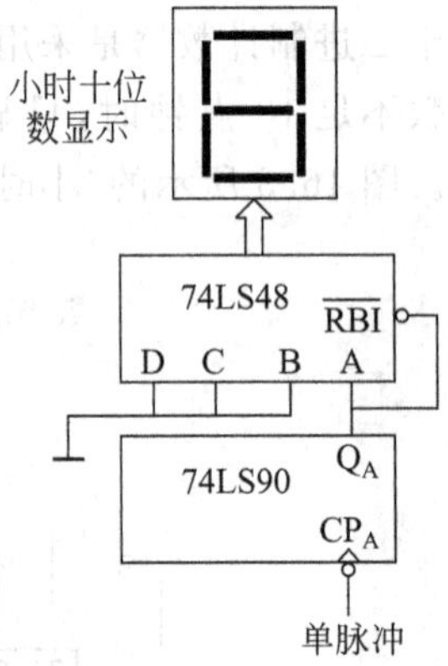

图 16.4　小时的计数译码电路图

思考题：在图 16.3 中，当计数不足 10 时，十位数显示的零消隐是通过将 Q_A 直接与显示数码管的有关字段相连而实现的。如果在 Q_A 与显示数码管之间再加一个组件 74LS48，利用 74LS48 的零消隐输入控制端(第 5 脚)也可以达到同样目的，如图 16.4 所示。试分析其工作原理(不必做实验)。

实验 16-5　设计型实验：产生所要求的波形

有 10kHz 的脉冲源 CLK，四位同步二进制计数器 74LS163 一个，4D 触发器 74LS175 一个，试设计一个电路，要求能产生如图 16.5 所示的波形图。其中 CP 的周期为 0.8ms，Q_1、Q_2 的周期都是 CP 周期的 4 倍(3.2ms)，而且 Q_2 的相位比 Q_1 的相位迟后 1/4 个周期(0.8ms)(注：Q_2 和 Q_1 的相位关系类似于 $\sin x$ 和 $\cos x$ 的相位关系)。

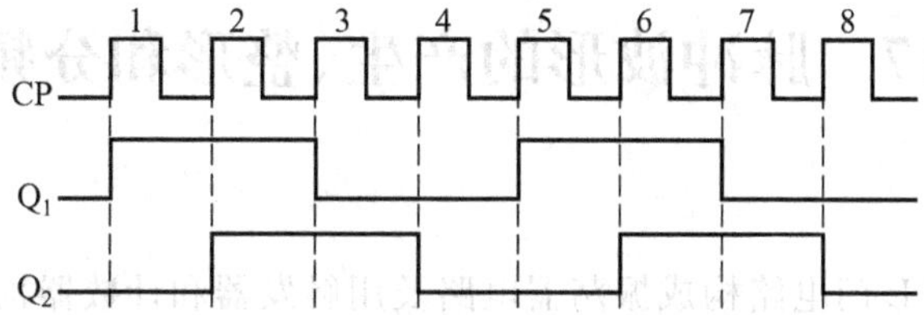

图 16.5　实验 16-5 波形图

4. 总结要求

(1) 如何用两片 74LS90 组成 100 以内的任意进制的 BCD 码输出的计数器？

(2) 如何用 74LS163 的清除端、置入端的功能组成任意模数的计数器？

实验 17　脉冲波形的产生、整形和分频实验

1. 实验目的

(1) 学习用 TTL 门电路构成振荡器电路及用触发器和计数器构成分频电路；

(2) 学习用集成单稳态触发器 74LS123 组成功能电路；

(3) 学习用 555 芯片构成多谐振荡器和单稳态触发器。

2. 实验仪器

(1) LDS21010H 数字存储示波器；

(2) 数字万用表；

(3) 数字电路实验箱。

3. 实验内容

实验 17-1　脉冲波形的产生和分频

1) 用与非门构成环形振荡器

用与非门构成如图 17.1 所示的环形振荡器，用示波器观测 u_A、u_B 及 u_o 的波形，测量其振荡频率。改变 R_1 值，研究输出频率与 R_1、C 的关系。

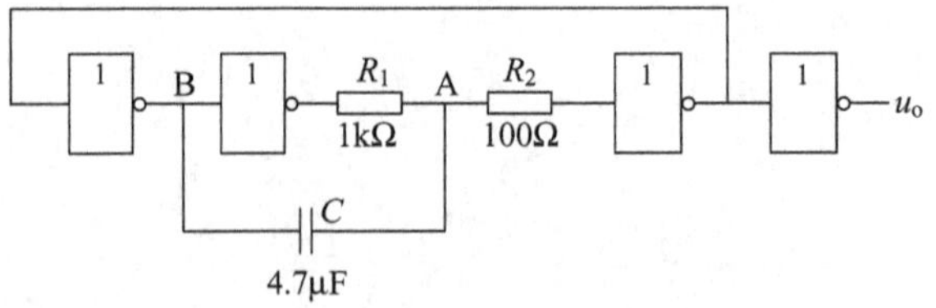

图 17.1　环形振荡器电路图

2) 晶体振荡器

(1) 按图 17.2 接线，观察晶体振荡器的输出波形 u_A。

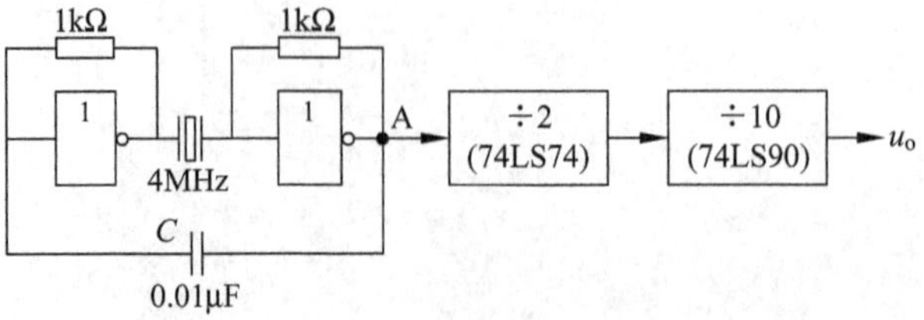

图 17.2　晶体管振荡器及分频电路图

(2) 在晶体振荡器后接入 D 触发器 74LS74 和十进制计数器 74LS90，对输出波形 u_A 进行二分频和十分频，并用示波器观测分频结果 u_o。

实验 17-2　集成单稳态触发器 74LS123 的应用

(1) 试分析图 17.3 中所示电路的 8 个彩灯(用发光二极管模拟)显示亮灭的规律。

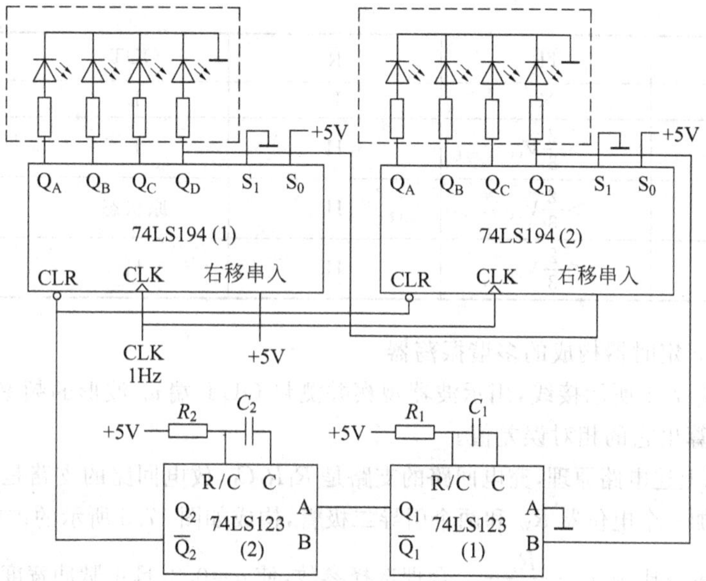

图 17.3　实验 17-2 电路图

(2) 按下述彩灯显示规律设计电路并实现。

① 左移逐个亮→全亮→全灭。

② 74LS194(1)右移逐个亮→74LS194(2)左移逐个亮→全亮→全灭。

③ 8 个彩灯一起全亮全灭。

实验 17-3　集成定时芯片 NE555 的应用电路

1) 555 定时器功能测试

本实验所用的 555 定时器芯片为 NE555，芯片的外引脚可参阅附录，以下介绍各引脚的功能。

TH：高电平触发端，当 TH 端电平大于 $2/3V_{CC}$ 时，输出端 OUT 呈低电平，DIS 端导通。

$\overline{\text{TRAG}}$：低电平触发端，当 $\overline{\text{TRAG}}$ 端电平小于 $1/3V_{CC}$ 时，OUT 端呈高电平，DIS 端关断。

$\overline{R}$：复位端，$\overline{R}$=0 时，OUT 端输出低电平，DIS 端导通。

C-V：控制电压端，C-V 接不同的电压值可以改变 TH 和$\overline{TRAG}$的触发电平。

DIS：放电端，其导通或关断为 RC 回路提供了放电或充电的通路。

OUT：输出端。

芯片的功能如表 17.1 所示，试按芯片的功能表逐项测试。

表　17.1

TH	$\overline{TR}$	$\overline{R}$	OUT	DIS
×	×	L	L	导通
$>\frac{2}{3}V_{CC}$	$>\frac{2}{3}V_{CC}$	H	L	导通
$<\frac{2}{3}V_{CC}$	$>\frac{2}{3}V_{CC}$	H	原状态	原状态
$<\frac{2}{3}V_{CC}$	$<\frac{2}{3}V_{CC}$	H	H	关断

2）NE555 定时器构成的多谐振荡器

（1）按图 17.4 所示接线，用示波器观察并测量 OUT 端 u_o 波形的频率，并与理论估算值相比较，算出它的相对误差值。

（2）根据上述电路原理，充电回路的支路是 $R_1R_2C_1$，放电回路的支路是 R_2C_1，将电路略作修改，增加一个电位器 R_W 和两个引导二极管，构成如图 17.5 所示的占空比可调的多谐振荡器，其占空比为 $q=\frac{R_1}{R_1+R_2}$。合理选择参数，使 $q=0.2$，且正脉冲宽度为 0.2ms。

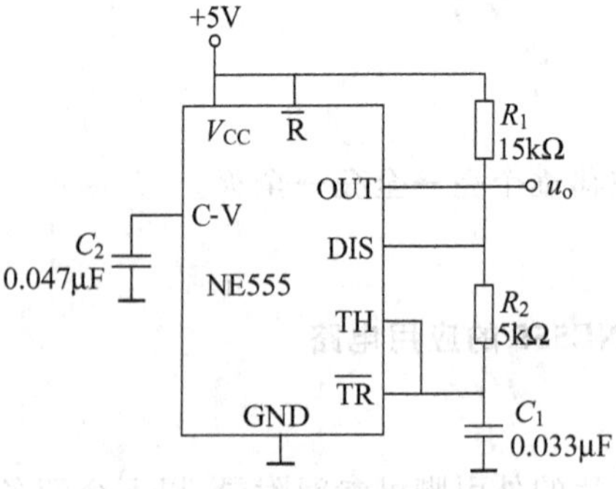

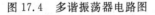

图 17.4　多谐振荡器电路图

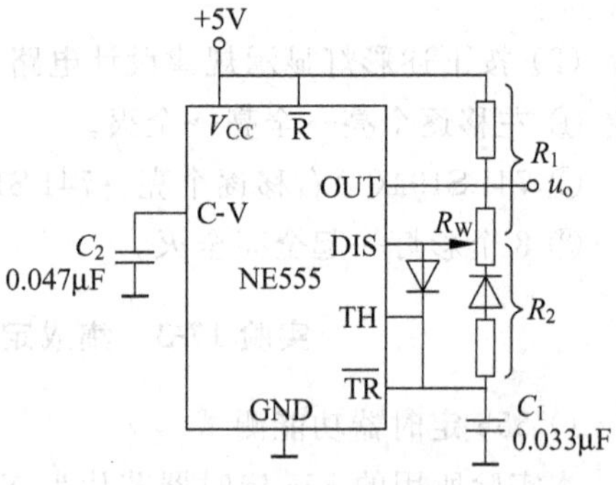

图 17.5　占空比可调的多谐振荡电路图

3）555 定时器构成单稳态触发器

按图 17.6 接线。图中 u_i 为频率约为 1kHz 的方波，用双线示波器观察 u_o 相对于 u_i 的波形，并测出输出脉冲的宽度 T_W。

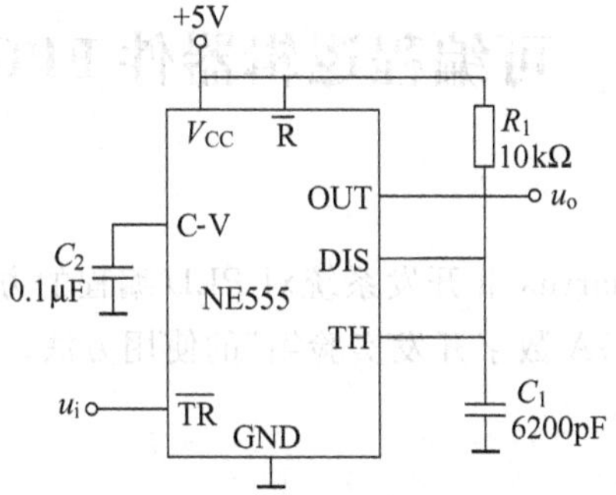

图 17.6 单稳触发器电路图

4. 总结要求

(1) 如何修改图 17.1 中的环形振荡器电路,使其振荡频率在某一范围内连续可调?

(2) 总结如何用触发器(D 触发器、J-K 触发器)、集成计数器(74LS90、74LS160、74LS161 及 74LS163 等)对某一较高频率的信号进行分频,得到需要的较低频率的信号。

(3) 画出实验 17-2 中的(2)所设计的电路图。

(4) 如何修改图 17.4 所示的 555 芯片多谐振荡器电路,使其振荡频率在某一范围内连续可调?

实验 18　可编程逻辑器件 FPGA 实验

1. 实验目的

(1) 初步掌握采用 Quartus Ⅱ开发系统对 PLD 编程的方法。

(2) 了解“CPLD/FPGA 数字开发实验箱”的使用方法。

2. 实验设备

(1) 计算机一台(键盘、鼠标、并口通信线)。

(2) EDA 教学实验系统。该实验系统由 FPGA 芯片(Altera FLEX10K 系列: EPF10K10ATC144-3)、各种 I/O 器件、接口等构成。实验箱的平面分布图如图 18.1 所示。设计文件下载口位于实验箱右上角 JTAG 区。

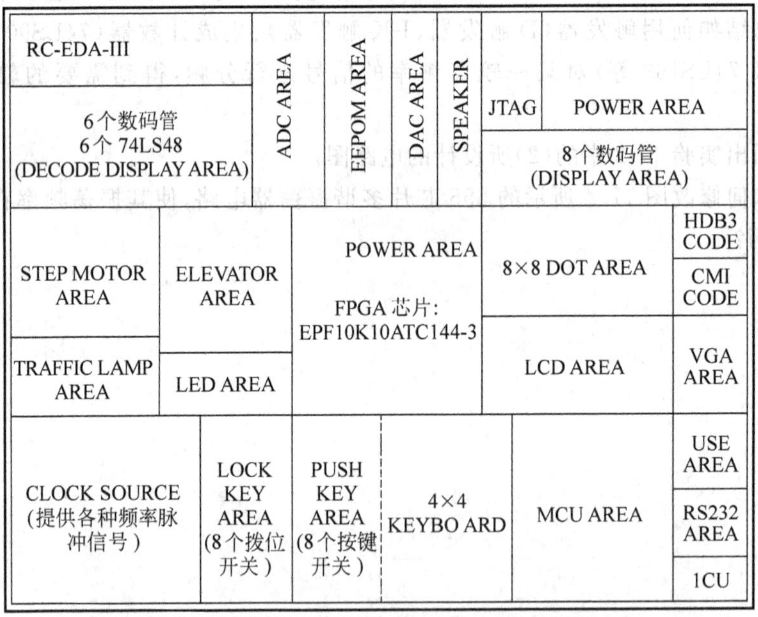

图 18.1　实验箱的平面分布图

3. Quartus Ⅱ开发系统的设计步骤

Quartus Ⅱ开发系统的设计步骤如图 18.2 所示。

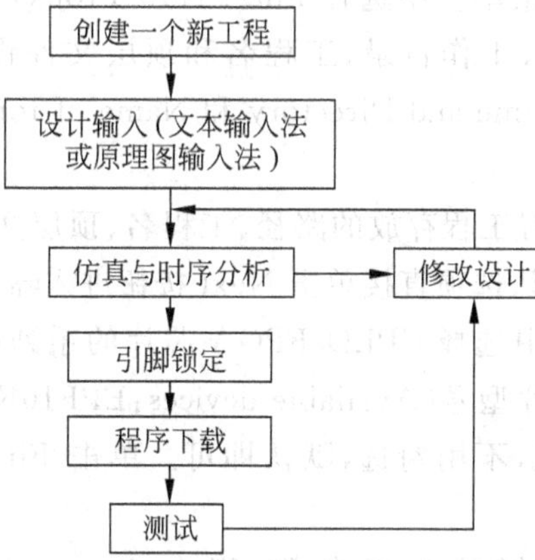

图 18.2 Quartus Ⅱ开发系统的设计步骤

4. 实验内容

实验 18-1 Quartus Ⅱ开发系统的使用练习

18-1-1 设计半加器

1) 实验要求

用原理图输入法设计半加器。设 A、B 为被加数和加数,C 为进位,S 为和,半加器的逻辑电路如图 18.3 所示。

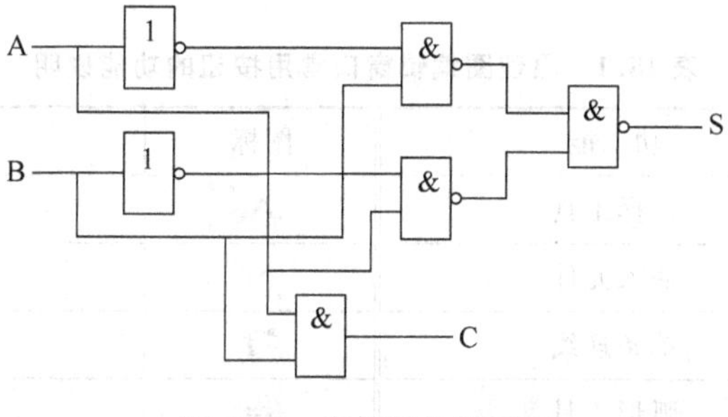

图 18.3 半加器的逻辑图

2) 实验步骤

(1) 双击桌面上 Quartus Ⅱ 9.0 图标启动 Quartus Ⅱ。

(2) 创建一个新工程。步骤如下:

① 在 Windows 资源管理器中创建文件夹以保存该工程的所有文件。(注意:Quartus Ⅱ每次只进行一个工程,该工程的全部信息保存在同一个文件夹中)

② 在 Quartus Ⅱ 窗口菜单栏中选择 File→New Project Wizard 命令，在弹出的对话框中单击 Next 按钮 进入工作目录、工程名和顶层文件设定对话框。在建立一个 Project 时要确定 Project Name and Directory 和 Name of top level design entity，采用相同名字。

③ 在对话框中依次设置工程存放的路径、工程名、顶层文件名。单击 Next 按钮进入下一个设定对话框，按默认选项直接单击 Next 按钮进入器件选择对话框。

④ 在器件选择对话框中选择 CPLD/FPGA 芯片的系列（Family：FLEX10KA）、引脚数（Pin Count：144）和芯片型号（Available devices：EPF10K10ATC144-3），单击 Next 按钮进入 EDA 工具对话框，不用勾选，默认即可。单击 Finish 按钮完成新建工程的建立。

⑤ 若要修改已设定好的工程参数，则在 Quartus Ⅱ 窗口菜单栏中选择 Assignments→Settings 命令，在弹出的工程设置窗口的栏目中修改相应的参数，单击 OK 按钮。

(3) 设计输入：工程创建后，单击 Quartus Ⅱ 工具栏的"新建空白文档"按钮，或者在 File 菜单中选择 New 命令，出现图 18.4 所示的对话框。在对话框中选择相应的输入方式，单击 OK 按钮。通常采用文本输入法（AHDL File 或者 VHDL File）或原理图（Block Diagram/Schematic File）输入法。本实验只要求用原理图输入电路文件。方法如下：

① 在图 18.4 所示的 New 对话框 Design Files 选项下选择 Block Diagram/Schematic File，单击 OK 按钮，则打开图形编辑器窗口。该窗口工具栏常用按钮的功能如表 18.1 所示。

表 18.1　原理图编辑窗口常用按钮的功能说明

图标	功　能	图标	功　能
	选择工具		文本工具
	插入元件		对角线工具
	单条连线		数组连线
	弧形工具		橡皮筋功能
	部分连线		放大缩小
	全屏显示		

② 调用元件库元件的方法：在图形编辑器要放置器件的空白处双击，或者单击图形编辑器窗口的门电路符号，或者在 Quartus Ⅱ 的菜单栏中选择 Edit→Insert Symbol 命令，则出现图 18.5 所示的对话框。单击元件库前面的"十"号，展开单元库，选择所需

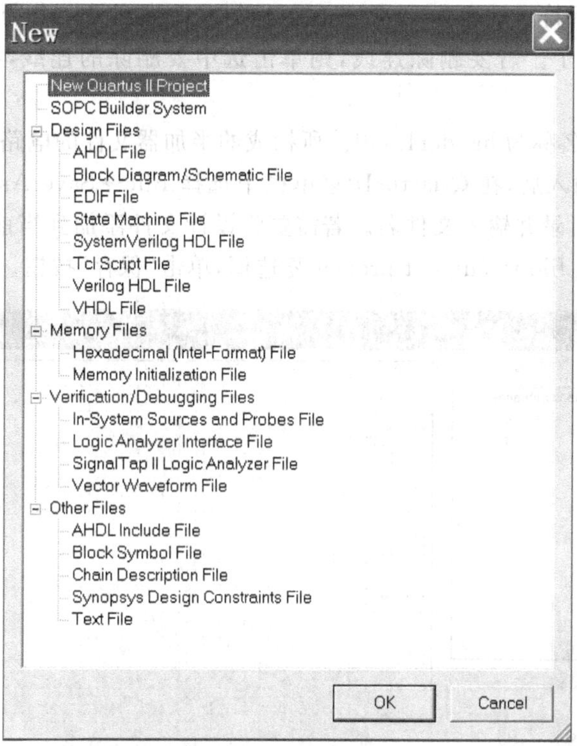

图 18.4 输入方式选择对话框

要的图元或符号，或者在 Name 栏输入元件的符号名称，单击 OK 按钮，则该元件符号显示在右边的显示符号窗口。元件库的分类及其包含的元件如下：

Primitives(基本元件库)包括各种门电路(Primitives\logic)、各种触发器/锁存器(Primitives\storage)和输入/输出引脚(Primitives\pin)。

Others(其他元件库)包括 74 系列器件(Others\maxplus II)、宏功能模块(Others\opencore_plus)。

Magafunctions(参数化元件库)包括各种算术组件、I/O 组件、存储组件，等等。

③ 移动器件：单击选中要移动的器件，按住鼠标左键拖动。

④ Rotate、Copy、Paste、Cut、Delete 器件：单击选中要操作的器件，再右击，从弹出的快捷菜单中选择所要功能。

⑤ 制作输入、输出引脚：在空白处双击，出现 Symbol 窗口，在元件库 Primitives\pin 中调用 input 或 output。

⑥ 更改输入、输出引脚名称：单击选中要更名的引脚，再右击，在弹出的快捷菜单中选 Edit Pin Name，然后在引脚名称的文字处输入引脚名。或者双击引脚名，修改之。

⑦ 制作引脚和符号间的连线。在两个端点之间连线方法：将光标移到其中一个端

点上，这时光标指示符自动变为“+”，按住鼠标的左键拖到另一个端点，然后放开左键，则一条连线就画好了。若要删除连线，则单击选中要删除的连线，再按 PC 键盘上的 Delete 键。

⑧ 保存文件，名称为 hadder1. bdf。所构成的半加器文件的电路图如图 18.6 所示。

⑨ 完成设计输入后，在 QuartusII 菜单栏中选择 File→Save As 命令，在出现的对话框中，选择保存目录并输入文件名。若需要将设计文件添加到当前工程中，则选择该对话框下面的 Add file to current project 复选框，单击“保存”按钮。

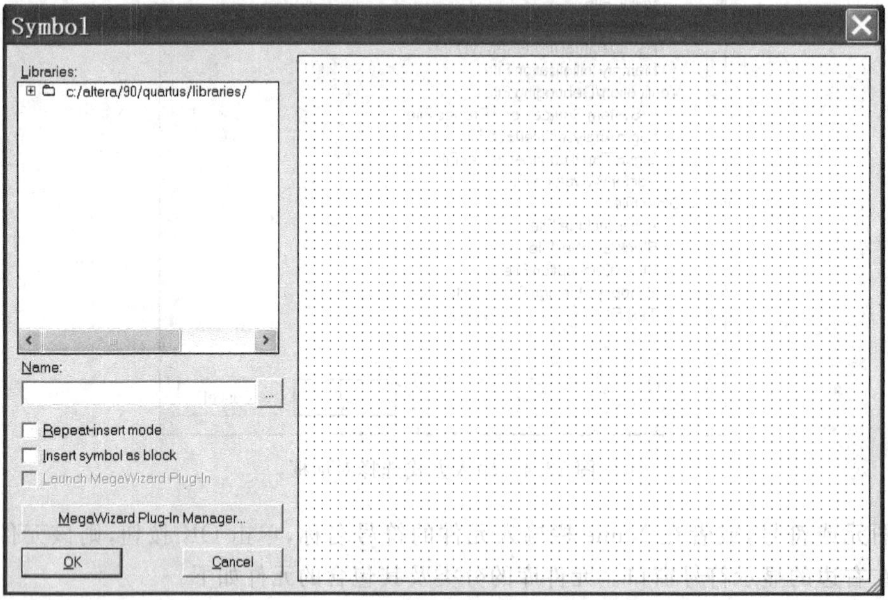

图 18.5 元件库的调用窗口

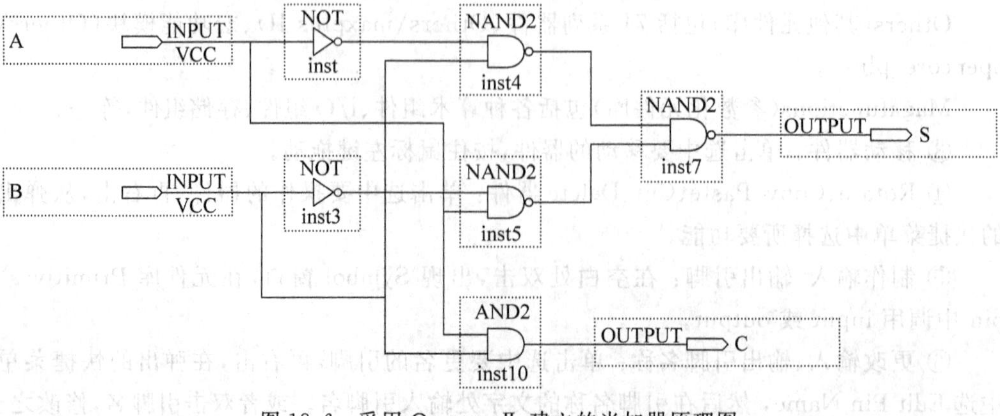

图 18.6 采用 Quartus Ⅱ 建立的半加器原理图

(4) 分析综合：在 Quartus Ⅱ工具栏中单击 Start Analysis & Synthesis 按钮，启动分析综合过程。若出现错误则根据错误提示进行修改。若要查看电路综合结果，则在 Quartus Ⅱ菜单栏中选择 Tools→Netlist Viewer→RTL Viewer 命令。

(5) 建立仿真要用的激励波形文件。步骤如下：

① 在 Quartus Ⅱ菜单栏中选择 File→New 命令出现图 18.4 所示的对话框，在 Verification/Debugging Files 选项下选择 Vector Waveform File，单击 OK 按钮，出现波形编辑器窗口。

② 在 Quartus Ⅱ菜单栏中选择 Edit→Insert→Insert Node or Bus 命令，弹出 "Insert Node or Bus"(插入节点或总线)窗口，选择 Node Finder(节点查找器)选项，单击 OK 按钮，弹出节点查找器窗口。

③ 在 Node Finder 窗口中，在 Filter 栏选择"Pin：all"，然后单击 List 按钮，则所有输入、输出节点的名字出现在节点查找器左边的方框(Node Found 栏)，用鼠标左键单击＞＞、＜＜、≥或≤按钮可全部或者逐项选择所要仿真的节点(加入或移除 Selected Node 栏)。

④ 单击 OK 按钮回到 Node Finder 窗口，再单击 OK 按钮回到波形编辑器窗口。

⑤ 在波形编辑器窗口编辑输入波形，并保存为 *.vwf 文件。方法如下：

在 Quartus Ⅱ菜单栏中选择 Edit→Grid Size 命令，可以设置仿真的最小步长。

在 Quartus Ⅱ菜单栏中选择 Edit→End Time 命令，可以设置仿真的时间长度。

若要缩放波形图，则单击波形缩放按钮，将光标移到波形显示区域，单击鼠标左键或右键将时间轴缩小或放大到合适尺寸。

波形编辑器各按钮的功能如图 18.7 所示。给某时间段波形赋值的方法：在波形图中该时间段的起(或终)点按下鼠标左键并拖动到终(或起点)，以选择时间段，再按窗口左边的按钮，将该时间段的值设置为 0、1 或者时钟等。

(6) 仿真。仿真之前需执行适配(Start Fitter)或全编译(Start Compiler)，仿真步骤如下：

① 在 Quartus Ⅱ菜单栏中选择 Processing→Simulation Tool 命令，打开仿真设置对话框 Simulator Tool。Quartus Ⅱ提供两种仿真模式(Simulation Mode)：

功能仿真(Functional)：不考虑延时，只验证逻辑功能。

时序仿真(Timing)：考虑延时。

② 若选用功能仿真，则需建立功能仿真网表：在 Quartus Ⅱ菜单栏中选择 Processing→Generate Functional Simulation Netlist 命令。

③ 仿真：在 Quartus Ⅱ菜单栏中选择 Processing→Start Simulation 命令。

(7) 引脚锁定。步骤如下：

① 在 Quartus Ⅱ菜单栏中选择 Assignments→Pin Planner 命令，弹出 Pin Planner

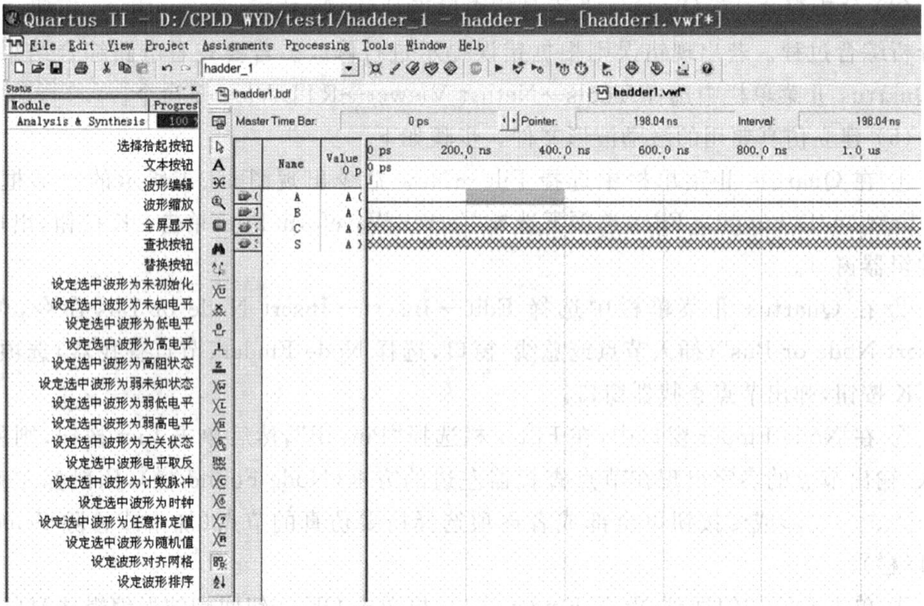

图 18.7　波形编辑器窗口及其按钮功能说明

窗口。

② 在 Pin Planner 窗口下方表内自动列出 Node Name 和 Direction，只需指定 Location：双击单元格，选择或者输入管脚号。

③ 当指定完所有管脚后，重新编译一遍。

(8) 编译：在 Quartus Ⅱ菜单栏中选择 Processing→Compiler Tool 命令，则出现图 18.8 所示的编译器窗口。编译器窗口包含如下 5 个主模块：

Analysis & Synthesis(分析综合模块)：产生目标芯片逻辑元件实现的电路。

Fitter(适配模块)：将前一步确定的逻辑元件在目标芯片上分配精确的位置。

Assembler(组装模块)：生成下载文件。

Timing Analyzer(时序分析模块)。

EDA Netlist Writer(EDA 网表复写器)。

编译器可以每次单独运行一个模块(单击该模块下部最左边的按钮)，也可以进行全编译(单击 Start 按钮)。如果文件有错，在软件的下方则会提示错误的原因和位置；若编译通过，则提示编译成功。

(9) 将程序下载到 FPGA 并运行。步骤如下：

① 将锁定的引脚连接到输入开关器件或输出显示器件。

② 用下载电缆连接计算机和实验系统。(注意：在断电的情况下插、拔。)

③ 接通实验箱电源。

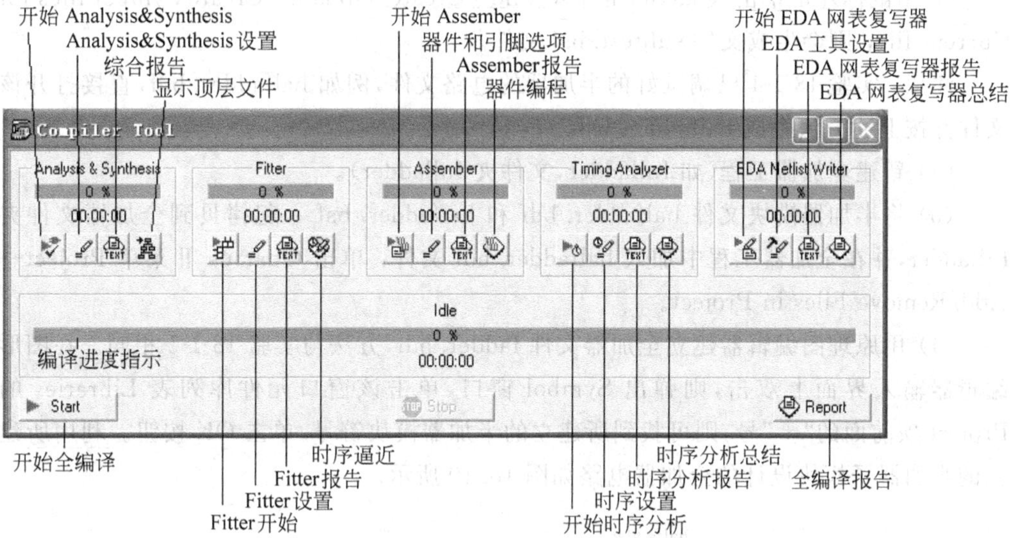

图 18.8 Quartus Ⅱ 编译器窗口

④ 在 Quartus Ⅱ 菜单栏中选择 Tools→Programmer 命令进入 Programmer 对话框。

⑤ 单击 Programmer 对话框的 Hardware Setup 按钮，出现硬件设置对话框，在该对话框单击 Add Hardware 按钮，在 Available Hardware items 栏选择相应硬件。

⑥ 单击 Programmer 对话框的 Start 按钮开始下载。

⑦ 对实验箱上相应的开关进行操作，通过输出显示器件查看运行结果是否正确。

18-1-2 设计全加器

1）实验要求

(1) 将用图形输入法设计的半加器设置为基本单元电路模块(用户芯片)。

(2) 用所构成的半加器模块完成全加器的设计，逻辑图如图 18.9 所示。

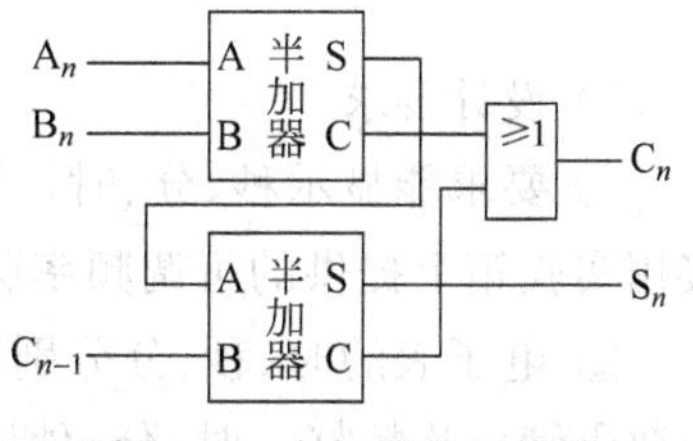

图 18.9 全加器的逻辑图

2）实验步骤

(1) 建立半加器电路模块。建立电路模块的一般方法如下：

① 启动 Quartus Ⅱ，新建一个工程(如：subtest，文件夹 subtest)。

② 输入并调试好电路模块的文件(可以是 vhd，tdf，bdf 等格式，例如 subtest.tdf)。

③ 用鼠标左键单击 Quartus Ⅱ 菜单 File→Create/Update→Create Symbol files for Current file，则会生成文件 subtest. bsf 文件。

注意：实验 18-1-1 已调试好的半加器的电路文件，例如 halfadder. bdf，直接打开该文件并按上述方法生成 halfadder. bsf。

(2) 新建全加器工程(如 fulladder，文件夹 fulladder)。

(3) 将半加器模块文件 halfadder. bdf 和 halfadder. bsf 一起拷贝到全加器文件夹 fulladder，并在全加器工程中加入 halfadder. bdf 文件：单击 Quartus Ⅱ 菜单 Project→Add/Remove Files in Project。

(4) 用原理图编辑器建立全加器文件 fadder. bdf，方法与实验 18-1-1 相同。在图形编辑器输入界面上双击，则弹出 Symbol 窗口，单击该窗口元件库列表 Libraries 的 Project 项前面的"＋"号，则可找到所建立的半加器模块符号，单击 OK 按钮。利用所建立的半加器子模块设计的全加器电路如图 18.10 所示。

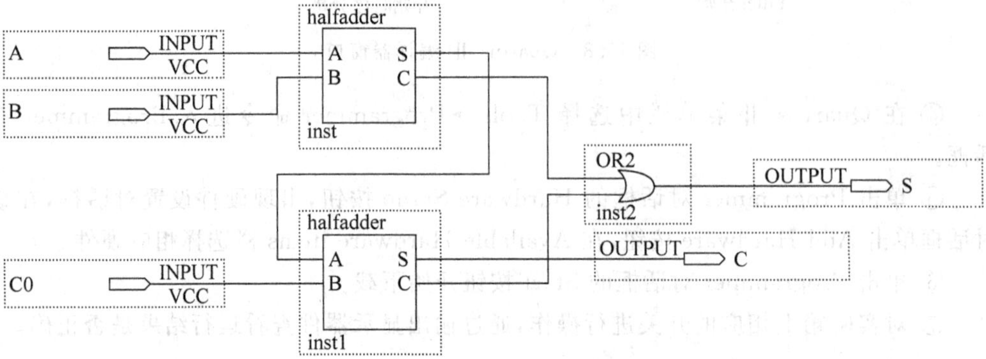

图 18.10　采用 Quartus Ⅱ 建立的全加器原理图

(5) 对所设计的全加器进行仿真、引脚锁定、编译、下载、运行。

实验 18-2　电子表电路设计

1) 设计要求

① 要求能显示秒、分、时。秒、分为六十进制，时为二十四进制。秒脉冲输入可以直接用实验箱上提供的可调频率脉冲源 CLOCK4。

② 电子表的时、秒、分分别用实验箱左上角的 6 个七段数码管显示，译码器 74LS48 与数码管已连接好。时、分、秒计数器输出的 BCD 码接到 74LS48 输入端即可。

③ 要求实现对秒、分、时的计数显示；并能完成对分和时的校对。校对输入采用实验箱上的按钮开关：按下 0，松开 1。

④ 选作：可以设计增加其他功能，比如正点报时、闹钟等。

本实验可能用到器件 74LS48、74LS190（74LS90）、74LS161/163、74LS153 以及其他门电路。

2）设计思路

电子表原理框图如图 18.11 所示。该原理框图仅供参考。同学们可以根据自己的理解设计并实现电路。电子表的模式选择和时分校正要用到开关和按钮，需要用去抖电路去除开关和按钮的机械抖动对电路的影响。去抖电路如图 18.12 所示，每按一次按钮，从 Q 端输出一个单脉冲。请分析其工作原理。

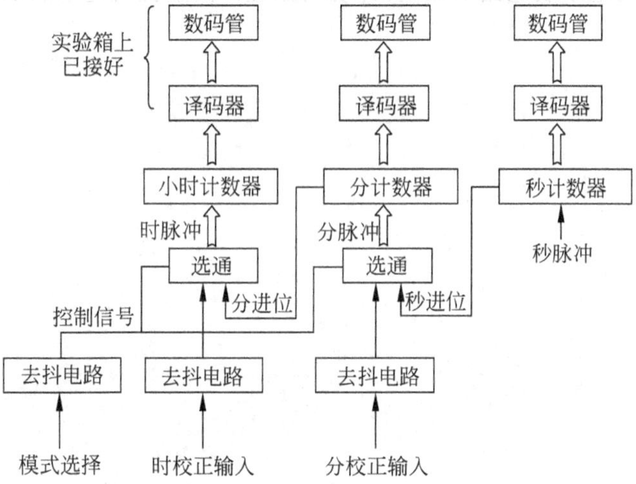

图 18.11　电子表原理框图

电子表电路比较复杂，建议同学们在设计电路时，用层次设计概念将此设计任务分成若干模块，以简化电路设计和程序调试。例如，六十进制计数器、二十四进制计数器和防抖模块可作为 3 个子模块分别进行设计和调试。

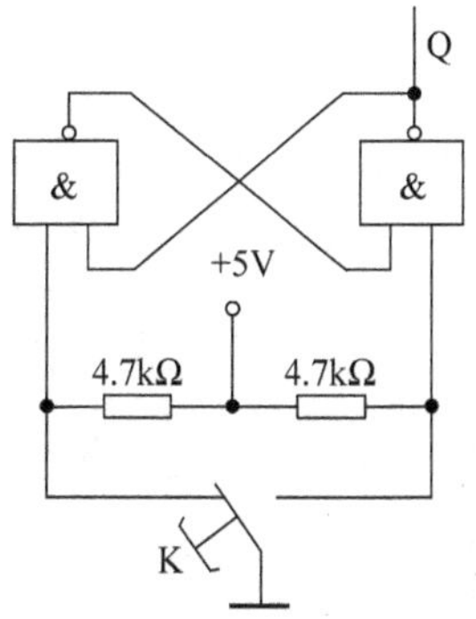

图 18.12　去抖模块的原理电路

3）预习要求

① 了解 CPLD 与 FPGA 的异同。

② 设计数字电路，并进行仿真（用任何 EDA 软件都可以）。

③ 分析去抖模块的工作原理。

建议：设计文件的存放要有条理，每一个子模块对应一个子文件夹。例如本实验可采用如下文件结构：

电子表所有设计文件存放在 Dclock 文件夹中。

六十进制计数器（子模块）的设计文件存放在 Dclock 文件夹中的子文件夹 counter60 中。

二十四进制计数器（子模块）的设计文件存放在 Dclock 文件夹中的子文件夹 counter24 中。

防抖模块（子模块）的设计文件存放在 Dclock 文件夹中的子文件夹 antishake 中。

5. 总结要求

整理所设计的电子表电路的截图，并说明原理。网上提交电子版的实验报告。

实验 19　Multisim 模拟电路仿真实验

1. 实验目的

（1）学习用 Multisim 实现电路仿真分析的主要步骤。

（2）用 Multisim 的仿真手段对电路性能作较深入的研究。

2. 预习内容

对仿真电路需要测量的数据进行理论计算，以便将测量值与理论值进行对照。

3. 实验内容

实验 19-1　基本单管放大电路的仿真研究

射极电流负反馈放大电路如图 19.1 所示，仿真电路如图 19.2 所示。单击三极管图符，从出现的对话框中的 EDIT MODEL 选项中改变三极管的电流放大系数（BF）为 60。

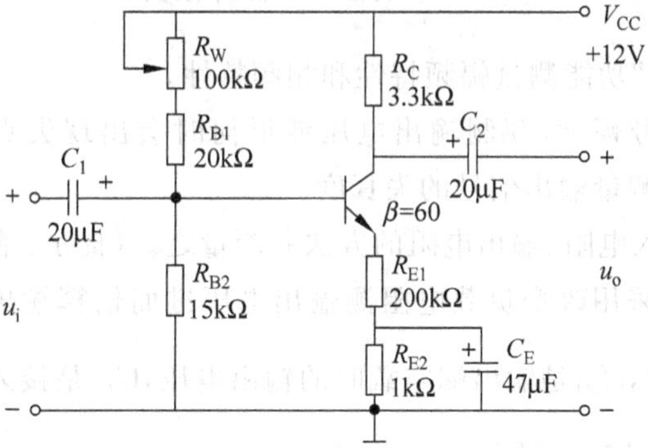

图 19.1　实验 19-1 电路图

（1）调节 R_W，使 $V_E=1.2V$。

（2）用“直流工作点分析”功能进行直流工作点分析，测量静态工作点，并与估算值比较。

（3）用示波器观测输入、输出电压波形的幅度和相位关系，并测量电压放大倍数，与估算值比较。

（4）用波特图仪观测幅频特性和相频特性，并测量电压放大倍数和带宽（测出下限截止频率和上限截止频率即可）。

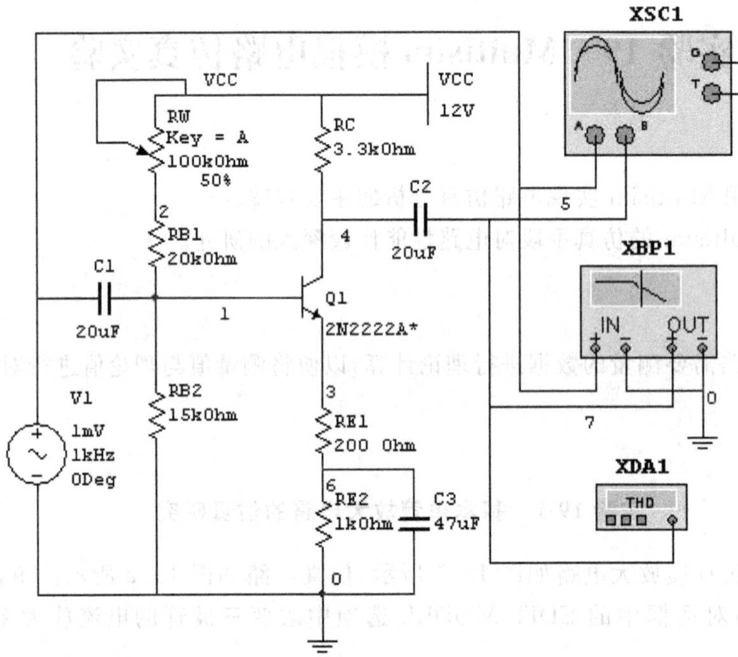

图 19.2　实验 19-1 仿真电路图

(5) 用“交流分析”功能测量幅频特性和相频特性。

(6) 加大输入信号幅度，观测输出电压波形何时会出现失真，并用失真度分析仪(distortion analyzer)测量输出信号的失真度。

(7) 设计测量输入电阻、输出电阻的方法并测量之。(提示：测输入电阻采用“加压求流法”，测输出电阻采用改变负载电阻测输出电压进而估算输出电阻的方法，即 $r_o=\left(\frac{U_{oO}}{U_{oL}}-1\right)\times R_L$。式中，$U_{oO}$是输出端空载时的输出电压，$U_{oL}$是接入负载 R_L 时的输出电压。输入信号频率选用 1000Hz)。

(8) 将 R_{E1} 去掉，将 R_{E2} 的值改为 1.2kΩ，即，使静态工作点不变，重测电压放大倍数、上下限截止频率及输入电阻。将测得的放大倍数、上下限截止频率和输入电阻进行列表对比，说明 R_{E1} 对这三个参数的影响。

实验 19-2　有源滤波器仿真

1) 低通滤波器

输入如图 19.3 所示的二阶低通滤波器电路。用波特图示仪观察电路的幅频特性和相频特性，测量通带电压放大倍数和截止频率。再利用“交流分析”重测通带电压放大倍数和截止频率。将两种测量方法获得的数据与理论值进行比较。

2）高通滤波器

输入电路图如图 19.4 所示。观察幅频特性和相频特性，测量通带电压放大倍数和截止频率，并与理论值比较。

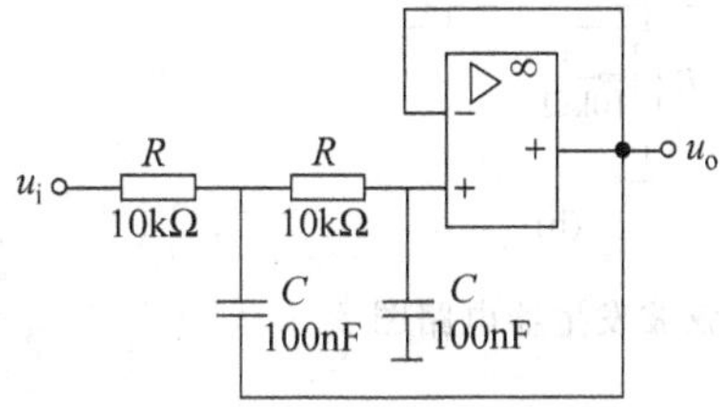

图 19.3 二阶低通滤波器电路图

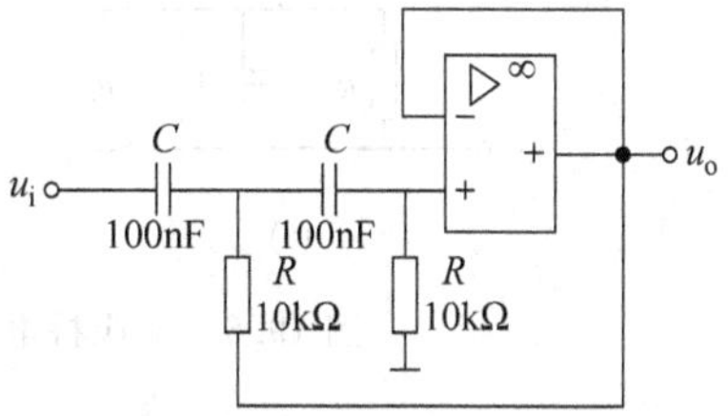

图 19.4 二阶高通滤波器电路图

3）双 T 带阻滤波器

输入电路图如图 19.5 所示，写出此电路的传递函数及幅频特性函数。选择中心频率 f_0 为 40～100Hz 之间的一个值，确定电阻、电容的参数并进行仿真实验，观察幅频特性，测 f_0，测 f_0 处的输出幅度，测上、下限截止频率及带宽。

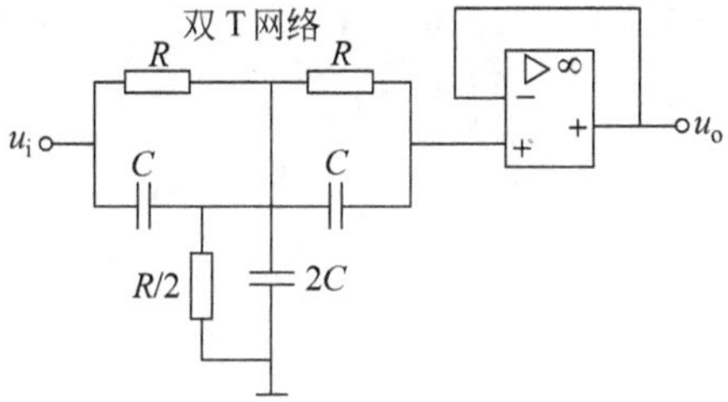

图 19.5 双十带阻滤波器电路图

实验 19-3 正弦波振荡器仿真

(1) 图 19.6(a)所示文氏桥电路，中心频率 f_0 从 200～2000Hz 之间任选一个值，并确定 R 和 C 的参数。就选定的参数用 Multisim 软件进行仿真，测 f_0、f_0 处的 U_o/U_i 以及 u_o 与 u_i 的相位差，并得出结论。

(2) 用选定的参数构成如图 19.6(b)所示的文氏桥正弦波发生器并仿真，调节 R_3 使其起振，观测输出电压从起振到稳定一段时间的波形，并测量输出波形的频率及最大幅度。测量 R_3 调节到多大时输出会发生饱和失真(正负半周均产生饱和失真)。

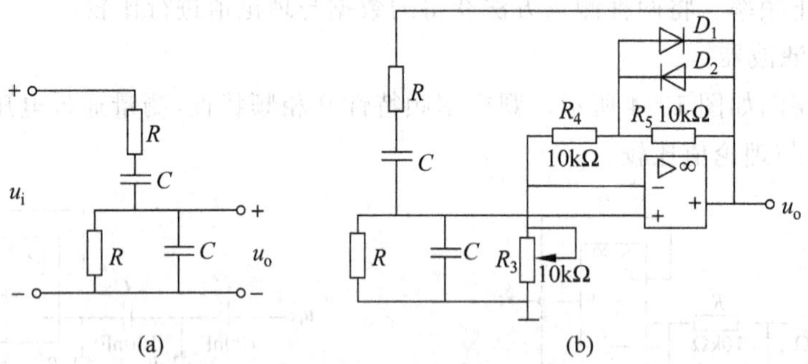

图 19.6　文氏桥电路和文氏桥正弦波发生器电路图

4. 总结要求

整理仿真电路及结果，写成电子版的实验报告，网上提交。

实验 20 Multisim 数字电路仿真实验

1. 实验目的

用 Multisim 仿真软件对数字电路进行仿真研究。

2. 实验内容

实验 20-1 交通灯报警电路仿真

交通灯故障报警电路工作要求如下：红、黄、绿 3 种颜色的指示灯在下列情况下属正常工作，即单独的红灯指示、黄灯指示、绿灯指示及黄、绿灯同时指示，而其他情况下均属于故障状态。出故障时报警灯亮。

设字母 R、Y、G 分别表示红、黄、绿 3 个交通灯，高电平表示灯亮，低电平表示灯灭。字母 Z 表示报警灯，高电平表示报警，则真值表如表 20.1 所示。逻辑表达式为

$$Z=\overline{R}\,\overline{Y}\,\overline{G}+RG+RY$$

若用与非门实现，则表达式可写为

$$Z=\overline{\overline{\overline{R}\,\overline{Y}\,\overline{G}}\cdot\overline{RG}\cdot\overline{RY}}$$

表 20.1 交通灯故障报警真值表

R	Y	G	Z
0	0	0	1
0	0	1	0
0	1	0	0
0	1	1	0
1	0	0	0
1	0	1	1
1	1	0	1
1	1	1	1

Multisim 仿真设计图如图 20.1 所示。

图 20.1 中的电路图中分别用开关 A、B、C 模拟控制红、黄、绿灯的亮暗，开关接向高电平时表示灯亮，接向低电平时表示灯灭。用发光二极管 LED_1 的亮暗模拟报警灯的亮暗。另外用了一个 5V 直流电源、一个 7400 四 2 输入与非门、一个 7404 六反相器、一个 7420 双 4 输入与非门、一个 500Ω 电阻。

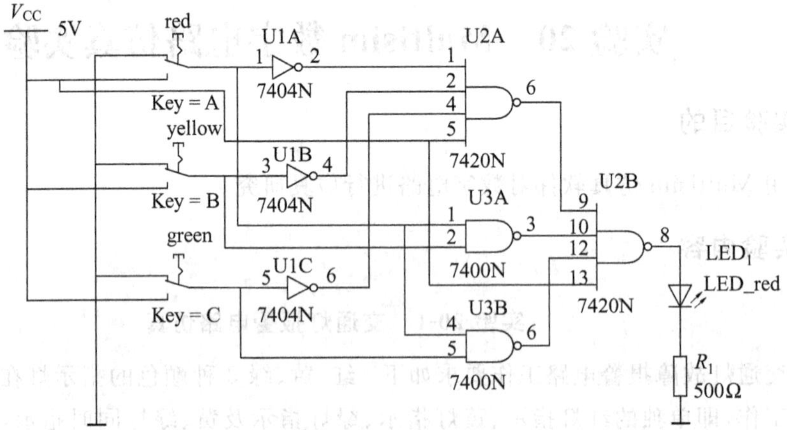

图 20.1 交通灯报警电路的 Multisim 仿真设计图

在模拟实验中可以看出，当开关 A、B、C 中只有一个拨向高电平，以及 B、C 同时拨向高电平而 A 拨向低电平时报警灯不亮，其余情况下报警灯均亮。

实验 20-2 数字频率计电路仿真

数字频率计电路的工作要求如下：能测出某一未知数字信号的频率，并用数码管显示测量结果。如果用 2 位数码管，则测量的最大频率为 99Hz。

数字频率计电路的 Multisim 仿真设计图如图 20.2 所示，其电路结构如下：用两片 74LS90(U1 和 U2)组成 BCD 码一百进制计数器，两个数码管 U3 和 U4 分别显示十位数和个位数。四 D 触发器 74LS175(U5)与三输入与非门 7410(U6B)组成可自启动的环形计数器，产生闸门控制信号和计数器清 0 信号。信号发生器 XFG1 产生频率为 1Hz、占空比为 50% 的连续脉冲信号，信号发生器 XFG2 产生频率为 1～99Hz(人为设置)、占空比为 50%的连续脉冲信号，作为被测脉冲。三输入与非门 7410(U6A)为控制闸门。

运行后该频率计进行如下自动循环测量：计数 1s→显示 3s→清零 1s→……

改变被测脉冲频率，重新运行。

实验 20-3 自 选 实 验

(1) 应用逻辑转换仪将逻辑表达式 $Y=\overline{A}\,B\overline{C}+\overline{A}\,BC+A\overline{B}\,C+ABC+AB\overline{C}$ 转换为真值表，将真值表转换为简化的逻辑表达式，再将简化的逻辑表达式用与非门实现。

(2) 用三片双向移位寄存器 74LS194 设计节日彩灯电路，参考电路如图 20.3 所示，输出用发光探头(PROBE)显示。

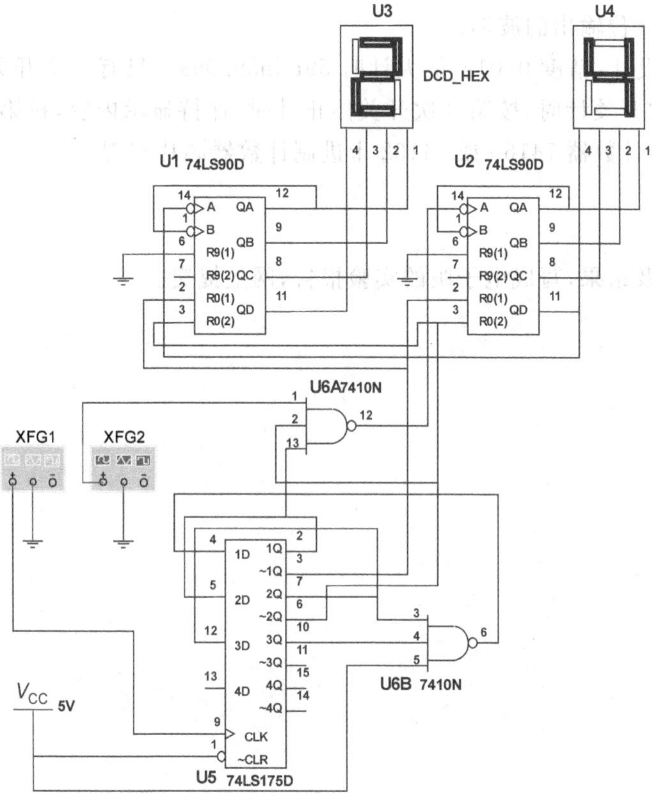

图 20.2　数字频率计电路的 Multisim 仿真设计图

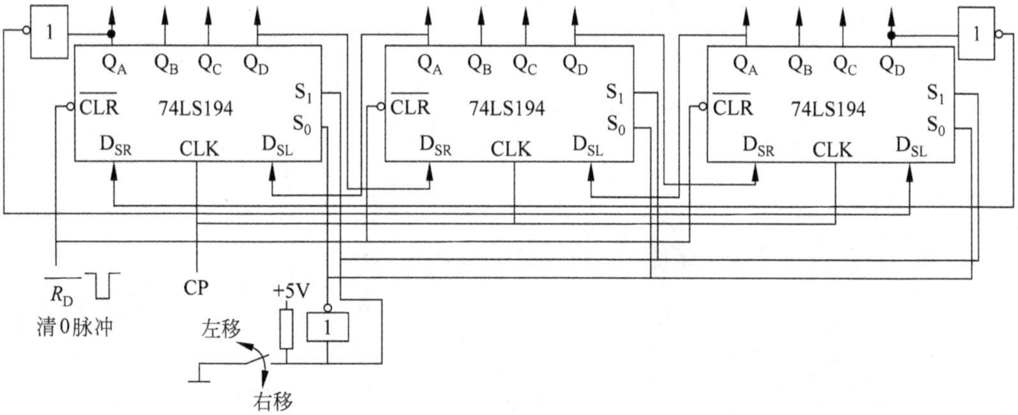

图 20.3　节日彩灯电路图

(3) 用二片集成计数器 74LS290(或 74LS90)构成二十四进制 BCD 码计数器，用逻辑分析仪同时观察 8 位输出的波形。

(4) 电子跑表设计：精度 0.01s，最大计时 59min59.99s。只有一个开关，按第 1 次开关清除，按第 2 次开关计时，按第 3 次开关停止计时，保持显示内容，按第 4 次开关再清除，……。用同步计数器 74160 或 74162 十进制计数器芯片实现。

3. 总结要求

整理仿真电路及结果，写成电子版的实验报告，网上提交。

附　录

附录1　500型万用表使用说明

1. 外形图

500型万用表是一种能分别测量交/直流电压、直流电流、电阻及音频电平的多量程仪表,其外形如图F1.1所示。使用前要配合调节左、右两个选择旋钮盘,以选择出所需要的功能和量程。其左旋钮盘上有电流、电阻量程。该万用表的特点是:作为电压表使用时具有较高的输入电阻。

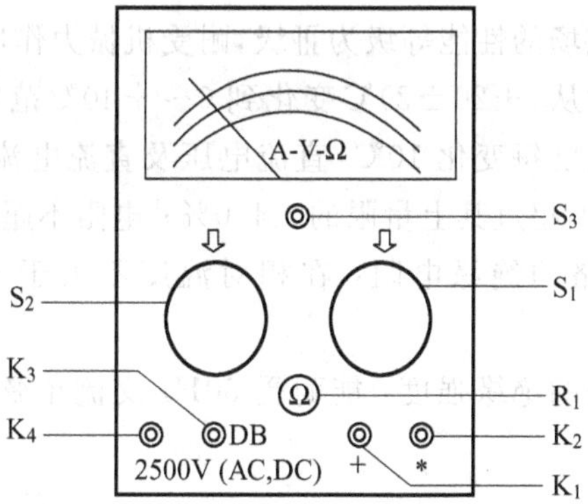

图　F1.1

使用时,应使红表笔接"+"插孔,黑表笔接"*"插孔。测量电流及电压时其接线方式与一般电表相同,量电流时串接于电路中,量电压时并接于电路中,只是要注意适当选择量程。

2. 500型万用表的性能指标

(1) 仪表的测量范围及精度等级见表F1.1。

表 F1.1

测量范围		灵敏度/(Ω/V)	准确度等级	基本误差/%	基本误差表示法
直流电压	0,2.5V,10V,50V,250V,500V	20 000	2.5	±2.5	以标度尺工作部分上量限的百分数表示
	2500V	4000	4.0	±4.0	
交流电压	0,10V,50V,250V,500V	4000	5.0	±5.0	
	2500V	4000	5.0	±5.0	
直流电流	0，50μA，1mA，10mA，100mA，500mA		2.5	±2.5	
电阻	2kΩ，20kΩ，200kΩ，2MΩ，200MΩ		2.5	±2.5	以标度尺工作部分长度的百分数表示
音频电平	−10～+22dB				

(2) 仪表应放在水平位置使用。

(3) 仪表防御外界磁场的性能等级为Ⅲ级，耐受机械力作用的性能为普通类型。

(4) 当周围空气温度从(+20±2)℃变化到0～+40℃范围内的任何温度时，所引起仪表读数的变化为：温度每变化10℃，直流电压及直流电流的指示值不超过其上量限的±2.5%；交流电压不超过其上量限的±4.0%；电阻不超过其上量限的±2.5%。

(5) 仪表外壳与电路的绝缘电阻：在相对温度不大于85%的室温条件下不小于35MΩ。

(6) 仪表电路对外壳的绝缘强度：能耐受50Hz交流正弦波电压6000V历时1min的耐压试验。

3. 使用方法

(1) 使用之前须调整机械调零旋钮“S_3”，使指针准确地指示在标度尺的零位上。

(2) 直流电压测量：将红表笔插头插入“K_1”插孔内，黑表笔插头插入“K_2”插孔内。转换开关旋钮“S_1”(即右旋钮盘)至“V”位置，开关旋钮“S_2”(即左旋钮盘)至所欲测量直流电压的相应量限位置，再将表笔跨接在被测电路两端。当不能预计被测直流电压的数值时，可将开关旋钮旋在最大量限的位置，然后根据指示值的大约数值，再选择适当的量限位置，尽量使指针的偏转度最大。

测量直流电压时，应注意将红表笔(“+”插孔表笔)接在电位较高的一端。一旦接错，出现指针向相反方向偏转时，应立即停止测量，并将表笔的“+”、“−”极互换。

测量高于500V而小于2500V的交流或直流电压时，将表笔线的插头插在“K_4”和

“K_2”插孔中。

(3) 交流电压测量：将开关旋钮“S_1”旋至交直流电压位置“$\underset{\sim}{V}$”上，开关旋钮“S_2”旋至所欲测量交流电压值相应的量限位置，测量方法与直流电压测量类似。仪表读数为被测正弦电压的有效值。

(4) 直流电流测量：将开关旋钮“S_2”旋至“A”位置，开关旋钮“S_1”旋至需要测量的直流电流值的相应量限位置，然后将表笔串接在被测电路中(注意：直流电流方向是红表笔流入，黑表笔流出)，就可量出被测电路中的直流电流值。测量过程中仪表与电路的接触应保持良好，并应注意切勿将表笔直接跨接在直流电压的两端，以防止仪表损坏。

(5) 电阻测量：将开关旋钮“S_2”旋到“Ω”位置，开关旋钮“S_1”旋到“Ω”量限内，先将两表笔短接，使指针向满度偏转，然后调整“Ω”调零电位器“R_1”，使指针指示在欧姆标度尺“0Ω”位置上，再将表笔分开，就可以测量未知电阻的阻值。注意：每换一个不同量程，就应该调零一次。

为了提高测量精度，指针所指示的被测电阻值尽可能指示在刻度中间一段，即全刻度起始的20%～80%弧度范围内。在Ω×1、×10、×100、×1k量限所用直流工作电源为1.5V二号电池一节，Ω×100k量限所用直流工作电源为9V层叠电池一节。

(6) 音频电平的分贝值测量：测量方法与测量交流电压相似。将表笔线插头插入“K_3”、“K_2”插孔内，转换开关旋钮“S_1”、“S_2”分别放在“$\underset{\sim}{V}$”和相应的交流电压量限位置。音频电平的刻度是根据0dB=1mW，600Ω的输送标准而设计的。标度尺指示值范围为－10～＋22dB，当被测的量≥22dB时，应在50V或250V量限进行测量，指示值应按表F1.2所示数值进行修正：

表 F1.2

量　限	按电平刻度增加值	电平的范围/dB
50$\underset{\sim}{V}$	14	＋4～＋36
250$\underset{\sim}{V}$	28	＋18～＋50

音频电平的计算公式如下：

$$10\lg\frac{P_2}{P_1} \quad 或 \quad 20\lg\frac{U_2}{U_1}$$

式中，P_1——在600Ω负荷阻抗上0dB的标称功率，其值为1mW；

U_1——在600Ω负荷阻抗上消耗功率为1mW时的相应电压，即

$$U_1=\sqrt{PZ}=\sqrt{0.001\times 600}=0.775(\text{V})$$

P_2，U_2——被测功率和电压。

例如：用500型万用表在250V量限测量分贝值为12dB，实际值为12＋28＝

40(dB),代入上面的公式可求出 P_2、U_2 的值。由于

$$10\lg\frac{P_2}{P_1}=20\lg\frac{U_2}{U_1}=40(\mathrm{dB})$$

因此有

$$\lg\frac{P_2}{P_1}=4,\quad \frac{P_2}{P_1}=10^4,\quad P_2=10^4P_1=10^4\times0.001=10\ (\mathrm{W})$$

$$\lg\frac{U_2}{U_1}=2,\quad \frac{U_2}{U_1}=10^2,\quad U_2=10^2U_1=10^2\times0.775=77.5\ (\mathrm{V})$$

4. 注意事项

(1) 测量电阻时必须使待测电阻从工作电路中断开才能进行。

(2) 电阻有 R×1、R×10、R×100、R×1k、R×10k 等 5 个量程,使用时应正确选择。

(3) 使用完毕应使两个开关旋钮“S_1”与“S_2”停在“·”位置。

(4) 严禁用电阻挡、电流挡测量电压。

(5) 当被测交流电压小于 10V 时,应选用交流 10V 挡量程,并由“10V”刻度线读取结果(注意:直流电压不能使用此刻度线)。在标定交流 10V 刻度线时,考虑了整流电路中整流管的管压降(约 0.7V),所以 1V 以下的刻度是非线性的。

(6) 当表笔短路,调节电位器“R_1”不能使指针指示到 0Ω 时,表示电池电压不足,应尽早取出并更换新电池,以防止因电池腐蚀而影响其他零件。更换新电池时,应注意电池极性,并与电池夹保持良好接触。仪表长期搁置不用时,应将电池取出。

附录 2　DH1718-E4 型双路直流稳压电源使用说明

DH1718-E4 型双路直流稳压电源具有稳压、稳流两种工作模式，这两种工作模式可随负载的变化而自动转换。两路电源可以分别调整，也可跟踪调整，因此可以构成单极性或双极性电源。该电源具有较强的过流与输出短路保护功能，外接负载过小或输出短路时电源自动地进入稳流工作状态。电源输出电压(电流)值由面板上的数字表直接显示，准确直观。

1. 主要性能指标

输出电压：	0～32V	
输出电流：	0～3A	
输入功率：	250V·A	
负载效应：	稳压 $5\times10^{-4}+2\text{mV}$①	稳流 20mA
源效应：	稳压 $5\times10^{-4}+2\text{mV}$	稳流 $5\times10^{-4}+5\text{mA}$
周期与随机偏差：	稳压 1mV，	稳流 5mA
输出调节分辨率：	稳压 20mV，	稳流 50mA
跟踪误差：	$5\times10^{-4}+2\text{mV}$	
瞬态恢复时间：	20mV，50μs	
数字显示精度：	电压 1%+6 个字	电流 2%+10 个字
温度范围：	工作温度 0～+40℃	储存温度 0～+45℃
可靠性：	>5000h	

2. 电源面板各部件的作用与使用方法

DH1718-E4 型双路直流稳压电源的面板如图 F2.1 所示。各部件的作用如下：

① 数字显示窗：显示左、右两路电源输出电压/电流的值。

② 电压跟踪按键：此键按下，左右两路电源的输出处于跟踪状态，此时两路的输出电压由左路的电压调节旋钮调节；此键弹出为非跟踪状态，左右两路电源的输出单独调节。

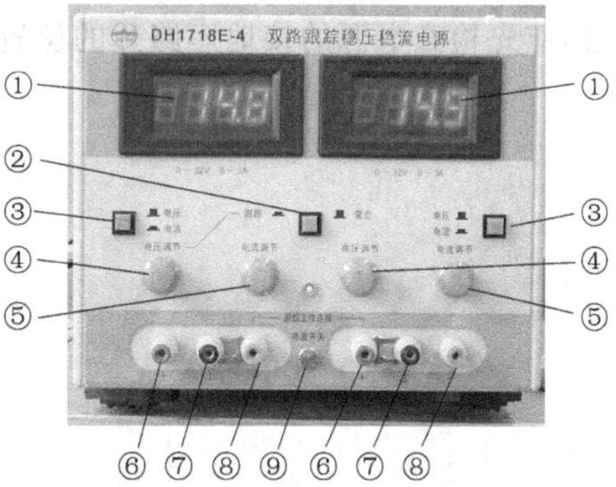

图　F2.1

---

①　表示由于负载变化所引起的输出电压的误差为：$U_o\times5\times10^{-4}+2\text{mV}$，其中 U_o 为输出电压。源效应和跟踪误差的计算类同。

③ 数字显示切换按键：此键按下，数字显示窗显示输出电流值；此键弹出，显示输出电压值。

④ 输出电压调节旋钮：调节左、右两路电源输出电压的大小。

⑤ 输出电流调节旋钮：调节电源进入稳流状态时的输出电流值，该值便为稳压工作模式的最大输出电流（达到该值，电源自动进入稳流状态），所以在电源处于稳压状态时，输出电流不可调得过小，否则电源进入稳流状态，不能提供足够的电流。

⑥ 左、右两路电源输出的正极接线柱。

⑦ 左、右两路电源接地接线柱：此接线柱与电源的机壳相连，并未与电源的正极或负极连接。可通过接地短路片将其与电源的正极或负极相连接。

⑧ 左、右两路电源输出的负极接线柱。

⑨ 电源开关：交流输入电源开关。

3. 使用 DH1718-E4 型直流稳压电源时应注意的几个问题

（1）输出电压的调节最好在负载开路时进行；输出电流的调节最好在负载短路时进行。

（2）如上所述，使用输出电流调节旋钮设置电源进入稳流状态的输出电流值，该值便为稳压工作模式的最大输出电流，也是稳压、稳流两种工作状态自动转换的电流阈值。因此，当电源作为稳压电源工作时，如果上述电流阈值不够大，减小负载电阻使输出电流增加到阈值后就不会再增加，电源失去稳压作用，可能会出现输出电压下降的现象。此时应调节电流设置旋钮加大输出电流的阈值，以使其能带动较重的负载。同样，在作为稳流电源工作时，其电压阈值也应适当调得大一些。

（3）电压跟踪调节只能在左路电源输出正电压（电源输出的负极与地短接）、右路电源输出负电压（电源输出的正极与地短接）的情况下才有效，因此，欲使电源工作于跟踪状态，应先检查电源的接地短路片的位置是否合适。

附录 3　SS7804/7810 型示波器使用说明

SS7804 型示波器是带有 CRT 读出功能的 40MHz 带宽模拟双踪示波器，能够方便、准确地进行电压幅度、频率、相位和时间间隔等的测量。示波器的面板上的波段开关大多使用电子开关（而不是机械开关），从而免除了由于操作不当造成的机械损坏。除了电源开关为自锁式机械开关外，面板上其他开关均为触点开关，其所处状态均显示于示波器的屏幕上。

1. SS7804 型示波器的主要性能指标

1）*Y* 轴偏转系统

(1) 显示方式：显示方式有 1 通道（CH1）或 2 通道（CH2）的单踪显示；1 通道（CH1）和 2 通道（CH2）的双踪显示；两通道相加（ADD）的波形显示（这时 1 通道的波形不显示）。双踪显示时有交替（ALT）和断续（CHOP）两种显示模式（CHOP 模式时，转换速率为 555kHz）。

(2) 耦合方式：有交流耦合（AC）和直流耦合（DC）两种耦合方式。

(3) 灵敏度：范围从 2mV/DIV 到 5V/DIV，按 1—2—5 步进分 11 挡，在每一挡内可以进行连续调节。精度为±2%。

(4) 频带宽度：直流耦合时 0～40MHz；交流耦合时 10Hz～40MHz。

(5) 输入阻抗：输入电阻为 1MΩ，输入电容为 25pF。

使用仪器配备的探头×10 挡时输入电阻为 10MΩ，输入电容为 22pF。

(6) *Y* 轴允许最大输入电压：±400V。

2）*X* 轴偏转系统

(1) 扫描速率为 100ns/DIV～500ms/DIV，按 1—2—5 步进分挡，在每一挡内可连续调节。

(2) 扫描精度＜5%。

(3) 扫描扩展为 10 倍。

2. SS7804 型示波器面板各部件的作用及使用方法

SS7804 型示波器的前面板如图 F3.1 所示。大体上分为屏幕显示调整部分、*Y* 轴偏转系统和 *X* 轴偏转系统 3 大部分。

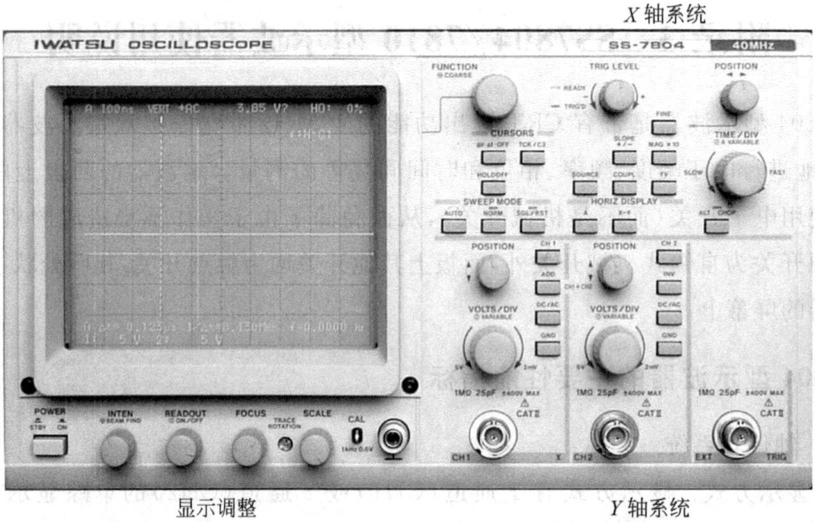

图　F3.1

1）屏幕显示调整部分

屏幕显示调整部分如图 F3.2 所示。各开关与旋钮的名称及作用如下：

① 电源开关(POWER)：此开关为自锁开关，按下此开关会接通仪器的总电源，再次按下即关断总电源。

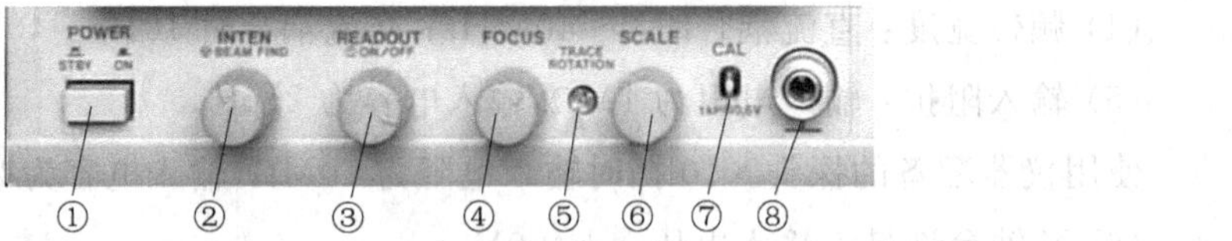

图　F3.2

② 亮度调节旋钮/寻迹开关(INTEN/BEAM)：此旋钮为一双功能旋钮。旋转此旋钮，可调节屏幕上扫描线的亮度。亮度调节旋钮的第二个功能为“寻迹”，当扫描线偏离屏幕中心位置太远，超出了显示区域时，为判断扫描线偏移的方向，可将此旋钮按下，这时，扫描线便回到屏幕中心附近，之后再将扫描线调到显示区域内。

③ 屏幕读出亮度调节旋钮/开关(READOUT/ON/OFF)：此旋钮为一双功能旋钮。旋转此旋钮，可调节屏幕上显示的文字、游标线的亮度。另外还用作屏幕读出的开关，按动此旋钮可以切换屏幕读出(“开”或“关”)。

④ 聚焦旋钮(FOCUS)：用此旋钮调节示波管的聚焦状态，提高显示波形、文字和游标的清晰度。

⑤ 扫描线旋转调节(TRACE ROTATION)：用于调节扫描线的水平程度。

⑥“标尺”亮度(SCALE)：用于调节屏幕上坐标刻度线的亮度。

⑦ 校准信号输出(CAL)：此接线座输出幅度为 0.6V(峰-峰值)、频率为 1kHz 的标准方波信号，用以校验 Y 轴灵敏度和 X 轴的扫描速度。

⑧ 接地端子：本接线柱接到示波器机壳。

2) Y 轴偏转系统

Y 轴偏转系统如图 F3.3 所示。各开关与旋钮的名称及作用如下：

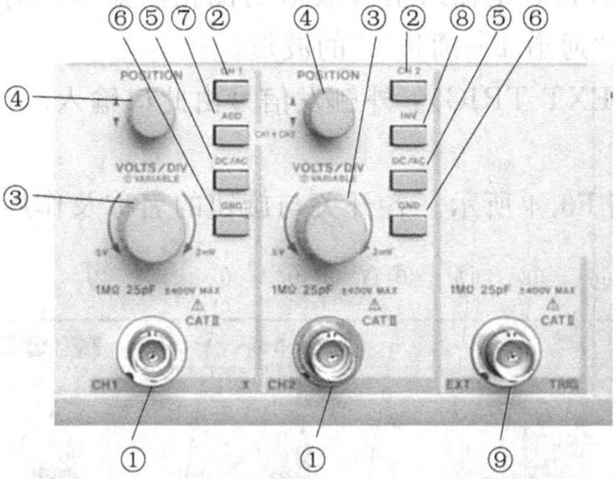

图　F3.3

① 信号输入端(CH1 或 CH2)：被测信号由此端口输入，端口的输入电阻为 1MΩ，输入电容为 25pF。

② 通道选择按钮(CH1 或 CH2)：此按钮可以选择所要观察的信号通道，可以设置为通道 1/通道 2 单踪显示方式及双踪显示方式，被选中的通道号在示波器屏幕的下端以“1：”或“2：”的形式显示出来。

③ 灵敏度调节旋钮(VOLTS/DIV VARLABLE)：该旋钮是一个双功能的旋钮，旋转此旋钮，可进行 Y 轴灵敏度的粗调，按 1—2—5 的挡次步进，灵敏度的值在屏幕上显示出来。

按动一下此按钮，在屏幕上通道标号后显示出“＞”符号，表明该通道的 Y 轴电路处于微调状态，再调节该旋钮，就可以连续改变 Y 轴放大电路的增益。注意，此时 Y 轴的灵敏度刻度已不准确，不能作定量测量。

④ Y 轴位移旋钮(POSITION)：此按钮可改变扫描线在屏幕垂直方向上的位置，顺时针旋转使扫描线向上移动，逆时针旋转使扫描线向下移动。

⑤ 输入耦合方式选择(DC/AC)：用于选择交流耦合和直流耦合方式。当选择直流耦合时，屏幕上的通道灵敏度指示的电压单位符号为“V”；当选择交流耦合时，屏幕上的通道灵敏度指示的电压单位符号为“ v ”。

⑥ 通道接地按钮(GND)：将此按钮按下，即将相应通道的衰减器的输入端接地，以观察该通道的水平扫描基线，确定零电平的位置。输入端接地时，屏幕上电压符号"V"的后面出现"⏚"符号。再按一次此符号消失。

⑦ 显示信号相加按钮(ADD)：按动此按钮后，屏幕上显示出"1：500mV ＋2：200mV"的字样，这时屏幕上在通道 1 和通道 2 的波形的基础上，又显示出"通道1＋通道 2"的波形。

⑧ 倒相按钮(INV)：按动此按钮后，屏幕上显示出"1：500mV ＋2：↓ 200mV"的字样，这时 2 通道的显示波形是输入信号波形的倒相。如果同时也按动了"相加"按钮，则看到的相加波形就是"通道 1—通道 2"的波形。

⑨ 外触发输入口(EXT TRIG)：外触发信号由此口输入。

3) *X* 轴偏转系统

X 轴偏转部分如图 F3.4 所示。各开关与旋钮的名称及作用如下：

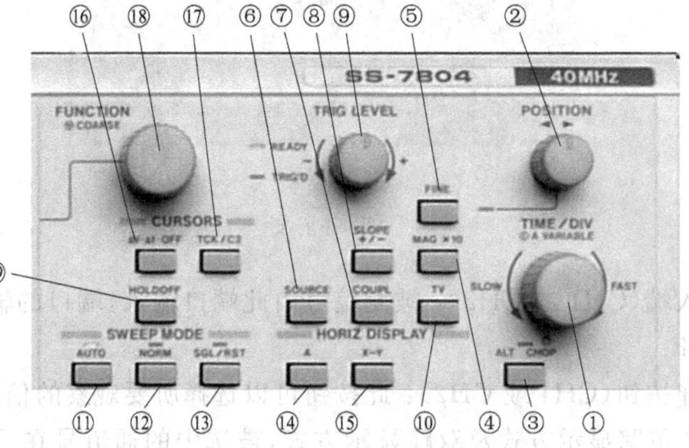

图　F3.4

① 扫描时间选择旋钮(TIME/DIV VARLABLE)：该旋钮为一双功能旋钮。用该旋钮粗调扫描时间，按 1—2—5 的分挡步进，屏幕上每格所代表的扫描时间显示于屏幕的左上角，例如"A 10μs"。若按动一下此按钮，在字符"A"的后面显示出"＞"符号，表示 *X* 轴电路处于微调状态，再调节该旋钮，就可以连续调节 *X* 轴的扫描时间。此时 *X* 轴扫描时间刻度已不准确，不能作定量测量。

② *X* 轴位移旋钮(POSITION)：调节此旋钮可改变扫描线的左右位置，顺时针旋转使扫描线向左移动，逆时针旋转使扫描线向右移动。

③ 扫描切换选择按钮(ALT CHOP)：用以选择两通道的显示方式，即是交替扫描还是断续扫描。当按钮上方的指示灯灭时处于交替(ALT)工作方式，指示灯亮时处于断续(CHOP)工作方式。一般情况下，被观测信号的频率高时用交替(ALT)工作方式，

被观测信号的频率低时用断续(CHOP)工作方式。

④ 扫描扩展按钮(MAG×10)：当此按钮按下时，会在示波器屏幕的右下角出现"MAG"，此时光标在屏幕水平方向的扫描速度增大 10 倍，即每格代表的时间为原来的 1/10。

⑤ 水平位置微调按钮(FINE)：按动 FINE 后指示灯亮，可微调扫描线的水平位置。将位移旋钮调到一头，扫描线就按一个方向缓慢移动，在扫描线移到合适位置后再将此旋钮往反方向微调一下扫描线即停住不动。

⑥ 触发源选择按钮(SOURCE)：选择触发信号的来源。根据所观察信号的情况，可分别选择 1 通道(CH1)、2 通道(CH2)、50Hz 交流电网(LINE)或外触发(EXT)作为触发信号的来源。触发源符号显示于屏幕上方。

⑦ 触发信号耦合方式选择按钮(COUPL)：选择触发的耦合方式，共有 AC、DC、HF-R(高频抑制)、LF-R(低频抑制)4 种耦合方式。其中后两种耦合方式是在触发信号形成电路之前插入一个滤波电路，以抑制高频或低频成分。例如，如果被观察的信号是一个叠加有高频干扰信号的低频信号，就可选高频抑制(HF-R)耦合方式抑制掉高频干扰成分。

⑧ 触发沿选择按钮(SLOPE)：选择触发沿为"+"(上升沿)，或"−"(下降沿)。

⑨ 触发电平调节旋钮(TRIG LEVEL)：用来调节触发信号形成电路的触发电平(即阈值电平)，从而决定电路是否能产生触发信号以及触发信号的起始相位，触发电平合适，则可以使波形稳定。

⑩ 全电视信号触发模式(TV)：触发信号包含有行同步信号和场同步信号的全电视信号，触发信号由被测信号中的同步信号产生。共有不分奇偶场触发(BOTH)、奇数场触发(ODD)、偶数场触发(EVEN)、行同步触发(H)等方式，根据被观察的信号和观察的目的而定。

⑪ 自动扫描方式按钮(AUTO)：按下该按钮会进入自动扫描方式，即不管有无触发信号均会显示出扫描线。这种扫描方式适合于测量频率在 50Hz 以上的信号。

⑫ 常态扫描方式按钮(NORM)：按下该按钮会进入常态扫描方式。这种扫描方式在没有触发信号时就没有扫描线，适合于观察频率低于 50Hz 的信号。

⑬ 单次扫描方式按钮(SGL/RST)：按下该按钮后示波器处于单次扫描等待状态，这时"等待"(READY)指示灯亮，触发信号来到后开始一次扫描，扫描过后"等待"(READY)指示灯灭。

⑭ 正常扫描显示按钮(A)：按下此按钮时，由示波器内部电路产生线性扫描信号。应该注意的是，当由"X-Y"显示方式返回到正常扫描时必须按此按钮。

⑮ X-Y 显示按钮(X-Y)：按下此按钮后，1 通道(CH1)的输入信号加到 X 轴，CH1 或 CH2 或 CH1+CH2 的输入信号加到 Y 轴。用此功能可方便地观测电路的滞回特

性、转移特性曲线等。

⑯ 游标切换按钮（ΔV—Δt—OFF）：在利用游标测量电压幅度、时间间隔、相位等参量时，使用此按钮来选择测量对象，按动此按钮可依次选定测量电压（ΔV）（水平线游标）、测量时间间隔（Δt）（垂直线游标）和关闭游标。

⑰ 游标线选择按钮（TCK/C2）：选择两条游标线中的一条或两条，依次为 V—C1、V—C2、V—TRACK 或 H—C1、H—C2、H—TRACK。其中的“V”表示测量垂直方向的物理量，“H”表示测量水平方向物理量。“C1”、“C2”分别为第一条游标、第二条游标，“TRACK”为跟踪状态，即两条游标一起移动。被选中的游标线端部有一段短亮线，作指示用。

⑱ 功能/游标位移旋钮（FUNCTION COARSE）：用于移动游标的位置。此旋钮有两种调节方式，一种是旋转方式，能较精细地调整游标的位置；另一种是按动，进行步进调节（快速移动游标）。

⑲ 释抑调节按钮（HOLD OFF）：按动此按钮后，即可通过调节功能旋钮调节释抑比。其值在示波器屏幕的右上角显示。

附录4 惠普HP54603B型示波器使用说明

1. HP54603B示波器面板功能图

HP54603B示波器面板功能图如图F4.1所示。

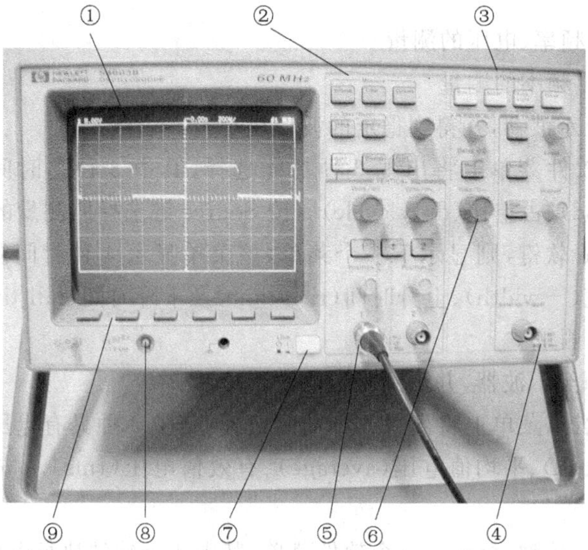

图 F4.1

①—显示屏；②—测量：(电压、时间、光标)存储/回放、曲线轨迹、仪器设置自动定标、显示、打印；③—存储、运行/停止、自动存储、擦除；④—触发：触发源、触发方式、+/−耦合、触发电平、输出同步、调整触发与重新扫描的时间；⑤—垂直调节：电压/刻度、位置；⑥—水平调节：延迟、主屏显示、扫描频率；⑦—电源开关；⑧—标准信号源；⑨—屏幕菜单功能键(即软键)

2. 基本测量操作

HP54603B示波器具有两个通道及一个外触发输入，利用电缆线或测试探头可将信号连接至各通道。

前面板有旋钮、灰色按键和白色按键。旋钮的使用和其他示波器的旋钮相似；灰色按键与屏幕软键菜单相配合，可调用示波器的许多功能；白色按键是立即动作键，不需与菜单配合使用。软键位于屏幕的底部，是没有标示任何字母的灰色键，它们的操作将实现菜单提示的功能。

HP54603B示波器具有自动定标(autoscale)功能，可自动设置好示波器以使输入信号有最佳的显示效果。使用此功能时，输入信号频率须大于等于 50Hz，占空比(duty cycle)必须大于1%。

连接一信号源至示波器，按 Autoscale 键，利用位置(Position)旋钮可使信号在屏幕中移动；利用 Volts/Div 旋钮改变垂直轴的灵敏度，注意在屏幕底部状态格中引起的变化；转动 Time/Div 旋钮，可改变波形的扫描时间。

3. 其他功能

1) 自动时间、频率、电压的测量

(1) 自动时间、频率的测量

连接一信号至示波器，并得到稳定的波形显示。

按 Time 键，软件菜单上将出现 6 种功能选择，其中 3 种是时间测量功能：频率(freq)、周期(period)、占空比(duty cycle)。按 Source 键选择所测量的通道。

按 Next Menu 软键，则显示下一个菜单，该菜单显示 4 种时间测量功能：正脉宽(＋width)、负脉宽(－width)、上升时间(rise time)及下降时间(fall time)。

(2) 自动电压测量

连接一信号源至示波器，并得到稳定的波形显示。

按 Voltoge 软键，菜单上将出现 6 种功能选择，其中 3 种具有电压测量功能：峰-峰值电压(peak-to-peak)、平均值电压(average)、有效值电压(rms)。按 Source 键选择所测量的通道。

按 Next Menu 软键，显示下一个软件菜单，其中 4 个软件执行电压测量功能：最大电压(V_{max})、最小电压(V_{min})、顶端电压(V_{top})、底端电压(V_{base})，按 Previous Menu 软键回到上一级软件菜单。

(3) 光标 Cursor 测量

连接一信号源至示波器，并得到稳定的波形显示。

按 Cursor 软键，菜单上将出现 6 种功能选择，其中 4 种是光标测量功能：V1 及 V2 是电压光标，T1 及 T2 是时间光标。利用 Cursor 键下的旋钮可移动光标的位置，Source 选择欲作电压测量的通道。Clear Cursor 清除屏幕上的光标及读数。

(4) 波形轨迹存储或调用

连接一信号源至示波器，并得到稳定的波形显示。

按 Trace 软键，菜单上将出现 4 种软键选择：Trace 选择存储器 1 或存储器 2，TraceMem 开启或关闭所选择的存储器，Save to 将波形存储至所选的存储器，Clear 清除所选的存储器内容。

(5) 使用 *XY* 显示模式

将一信号接至示波器的通道 1，将另一具有相同频率(或频率相差整倍数)但具有相位差的信号接至通道 2。

按 Autoscale 键再按 Main/Delayed 键，然后按 *XY* 软键。利用位置旋钮将信号移动到屏幕中间，再利用 Volts/Div 旋钮及水平 Vernier 软键将信号放大以便观测。

2）使用延时扫描

（1）延时扫描是主扫描的部分放大，以对观察信号作深入的分析，将信号接至示波器，并得到稳定的波形显示，按 Main/Delayed 键，再按 Delayed 软键，将屏幕划分为两部分，上半部显示主扫描，下半部显示主扫描的部分放大，称为延时扫描。延时扫描的大小及位置是由示波器面板上的 Time/Div 及 Delay 旋钮控制。转动 Delay 旋钮和 Time/Div 旋钮，注意观察屏幕上的变化。

（2）使用示波器的存储操作

连接一信号源至示波器，并得到稳定的波形显示。

按 Autoscale 键，利用位置（Position）旋钮将波形向上或向下移动，注意观察屏幕上的变化。

按 Stop 键显示冻结。

按 Run 键实时显示。欲清除显示画面可按 Erase 键。

按 Run 键或 Autostore 键可退出自动存储模式。

下面对存储按键作简要说明。

Run：示波器采集数据，并不断刷新显示。

Stop：示波器停止采集数据，显示冻结。

Autostore：示波器捕获数据，将最近一次获取的数据以全亮度的光度显示，以前的数据以半亮度光度显示。

Erase：清除画面。

附录 5　DS1000CA 型示波器使用说明

DS1000CA 系列示波器为双通道输入的数字存储示波器，DS10062CA 是其中的一个型号。数字存储示波器(digital storage oscilloscopes，DSO)是以数字编码的形式储存信号的示波器。由于数字存储示波器具有模拟示波器无可比拟的优点，目前已经全面取代模拟示波器，成为观察与测量时变信号的主要测量仪器。

DS1000CA 系列数字示波器除具有模拟示波器的观察与测量信号波形的基本功能外，还具有自动测量、光标测量、信号存储、单次触发测量、自动校正等特殊功能。另外，通过 USB 接口可以连接计算机，利用计算机对测量过程进行控制，并对测量信号进行多种处理操作。因此，数字存储示波器大大扩展了传统示波器的测试功能，为电子信号测量提供了功能强大的测量手段，成为每个工程技术人员需要首先掌握的基本电子测试仪器。

下面简要介绍 DS1000CA 系列示波器的使用方法，更全面的使用说明见仪器的用户手册。

1. DS1000CA 型数字示波器前面板

DS1000CA 系列示波器前面板如图 F5.1 所示。

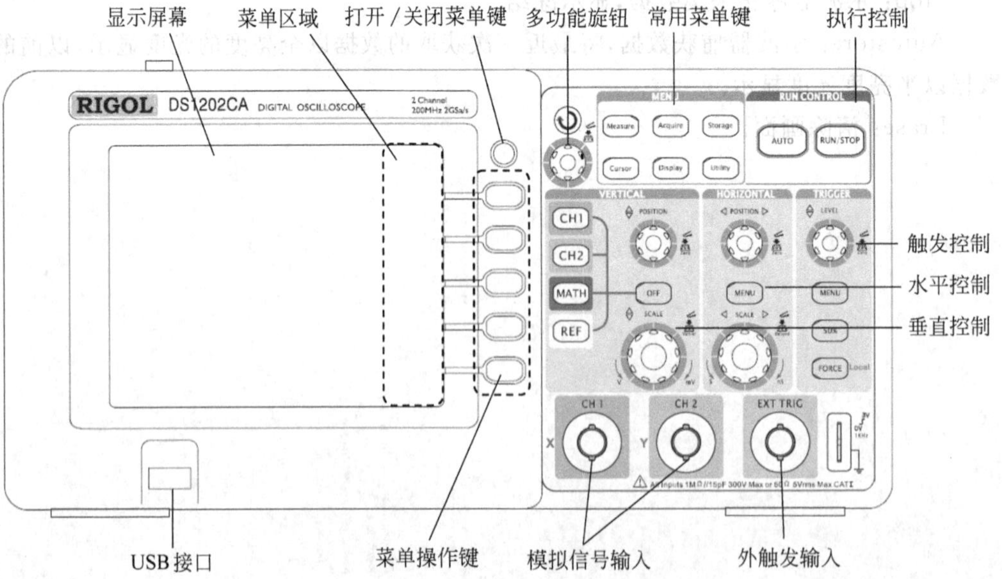

图 F5.1　DS1000CA 系列示波器前面板

(1) 示波器前面板包括旋钮和功能按键，旋钮的功能与其他示波器类似。通过功能键，可以进入不同的功能菜单，或直接获得特定的功能应用。功能菜单显示在屏幕的右部，在屏幕的右侧是五个菜单操作键，通过它们，可以设置当前菜单的不同选项。利用打开/关闭菜单键(ON/OFF)可以显示或隐藏菜单。

当菜单中出现或时(此时多功能键上方的灯亮)，表示多功能键具有选择菜单指令，或者调节相应菜单中所指示参数的功能。表示按动相应的功能键也可以对菜单指令进行选择。菜单中没有显示以上两个符号时，多功能键有调节波形曲线亮度的功能。

(2) DS1000CA 系列示波器的前面板大体由屏幕显示系统、垂直控制系统、水平控制系统、触发控制系统、执行控制系统及常用菜单控制区组成。

垂直控制系统用来控制信号波形的垂直显示幅度；水平控制系统用来控制示波器的扫描时间，从而控制信号显示的时间长度；触发控制系统用来选择与控制触发信号，以得到稳定的信号波形；执行控制系统包括 AUTO 和 RUN/STOP 按钮，前者实现自动设置各项控制值，显示适合观察的信号波形，后者用来执行或停止信号采样；常用菜单中包括 Measure、Acquire、Storge、Cursor、Display 和 Utility 等六个按钮，可以完成对波形的测量与存储，以及对显示的调整等。

为了便于叙述，本部分的符号定义如下：

多功能键用表示；

功能键用方框内包围的功能键名称表示，如 MEARSURE 功能键用 MEARSURE 表示；

旋钮用旋钮符号与加下划线的旋钮名称的组合表示，如 POSITION 旋钮用 POSITION 表示；

菜单操作键用带阴影的菜单指令名称表示，如波形存储表示菜单中的波形存储选项。

2. DS1000CA 型示波器的基本操作

1) 垂直系统操作

垂直控制区(VERTICAL)由按键 CH1、CH2、MATH、REF、OFF 及旋钮 POSITION、SCALE 组成，见图 F5.2。

(1) 旋动垂直旋钮 POSITION 不但可以改变通道的垂直显示位置，还可以通过按下该旋钮作为设置通道垂直显示位置恢复到零点的快捷键。

(2) 转动垂直旋钮 SCALE 改变“Volt/div(伏/格)”垂直挡位，可以发现状态栏对应通道的挡位显示发生了相应的变化，还可以通过按下该旋钮作为设置输入通道的粗调/微调状态的快捷键。

(3) 按 CH1 、CH2 、MATH 、REF 屏幕显示对应通道的操作菜单、标志、波形和挡位状态信息。按 OFF 键关闭当前选择的通道。

按 CH1 或 CH2 功能键，系统显示相应通道的操作菜单。其中耦合可选择交流、直流或接地；带宽限制可选择打开或关闭；探头可选择 1X、10X、100X 或 1000X；数字滤波可选择打开或关闭，当选择打开时，滤波类型可选择低通、高通、带通、带阻几种，并且可用多功能旋钮设置频率上、下限。

另外，挡位调节可选粗调、微调；反相可选打开或关闭；输入可选 1MΩ 或 50Ω；单位可选 V、A、W、U。数学运算（MATH）功能是显示 CH1、CH2 通道波形相加、相减、相乘以及 FFT 运算的结果。数学运算的结果同样可以通过栅格或游标进行测量。

按下 REF 键显示参考波形菜单，进行相关设置，从而把波形和参考波形样板进行比较，来判断故障原因。

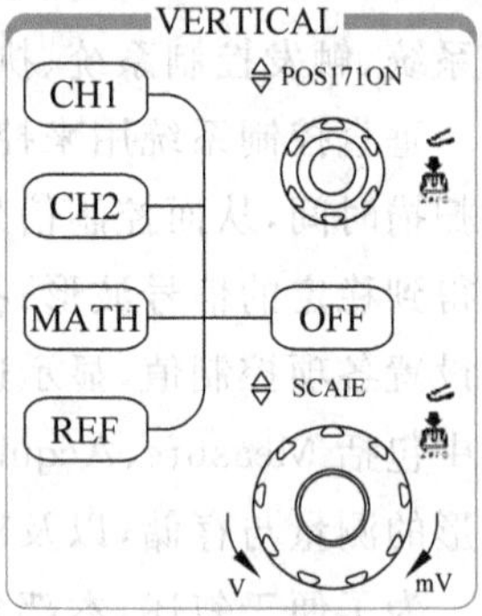

图 F5.2 垂直控制区

2) 水平系统操作

水平控制区（HORIZONTAL）由 MENU 按键及 POSITION、SCALE 旋钮组成，见图 F5.3。

(1) 旋动水平按钮 POSITION 可改变波形（包括数学运算）的水平位置，按下此旋钮使触发位置立即回到屏幕中心。

(2) 旋动水平旋钮 SCALE，水平扫描速度以 1—2—5 的形式步进，按下此钮还可以切换到延迟扫描状态。

(3) 按 MENU 键，显示水平菜单，在此菜单下可开、关延迟扫描或切换 Y－T、X－Y 和 ROLL 模式，还可以设置水平触发位移复位。

3) 触发控制系统

触发控制区（TRIGGER）包括触发电平调整旋钮 LEVEL、触发菜单按键 MENU 、设定触发电平在信号垂直中点的 50% 键、强制触发按键 FORCE ，见图 F5.4。

(1) LEVEL 旋钮：触发电平设定触发点对应的信号电压，按下此旋钮使触发电平回零。

(2) 50% ：将触发电平设定在触发信号幅值的垂直中点。

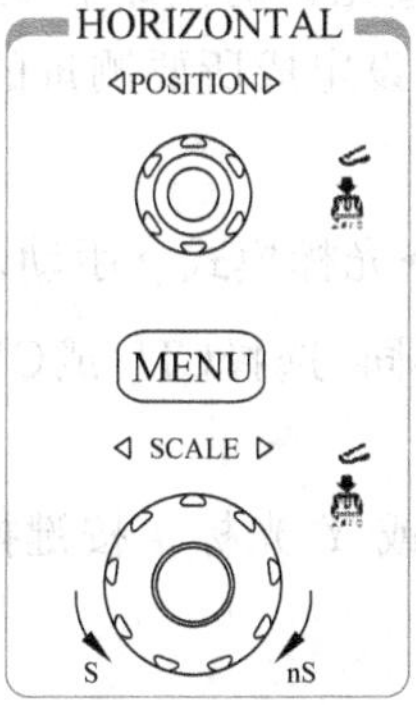

图 F5.3　水平控制区

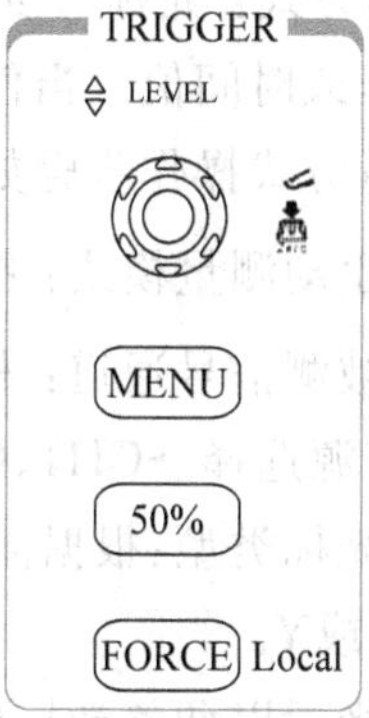

图 F5.4　触发控制区

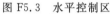

(3) FORCE：强制产生一触发信号，主要应用于触发方式中的“普通”和“单次”模式。

(4) MENU：触发设置菜单键。按此键可以调出触发操作菜单，进行相关的触发设置。

4) 菜单控制区

此控制区(MENU)包括采样系统的功能按键 Acquire、显示系统的功能按键 Display，存储系统的功能按键 Storage，辅助系统功能按键 Utility，自动测量功能按键 Measure，光标测量功能按键 Cursor，见图 F5.5。

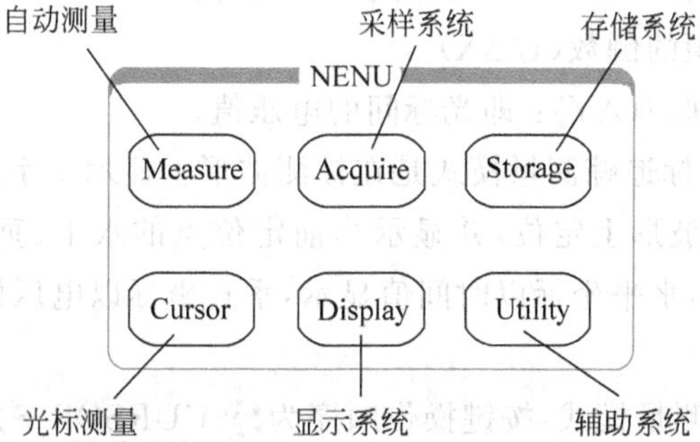

图 F5.5　菜单控制区

下面介绍对信号进行测量的方法。

光标模式允许用户通过移动光标进行测量。光标测量分为 3 种模式：手动方式、追踪方式和自动测量方式。

(1) 手动方式：光标 X 或 Y 成对出现，并可手动调整光标的间距。显示的读数即为测量的电压或时间值。当使用光标时，需首先将信号源设定成所要测量的波形。

手动测量方式操作步骤如下：

① 选择手动测量模式：按键操作顺序为 CURSOR →光标模式→手动。

② 选择被测信号通道：根据被测信号的输入通道不同，选择CH1或CH2。按键操作顺序为：信源选择→CH1、CH2、MATH(FFT)。

③ 选择光标类型：根据需要测量的参数分别选择 X 或 Y 光标。按键操作顺序为：光标类型→X或Y。

④ 移动光标以调整光标间的增量(见表 F5.1)。

表 F5.1 光标菜单说明(只有当前菜单为光标功能菜单时才能移动光标)

光 标	增 量	操 作
CurA(光标 A)	X	旋转多功能旋钮↻，使光标 A 左右移动
	Y	旋转多功能旋钮↻，使光标 A 上下移动
CurB(光标 B)	X	旋转多功能旋钮↻，使光标 B 左右移动
	Y	旋转多功能旋钮↻，使光标 B 上下移动

⑤ 获得测量数值

光标 1 位置(时间以触发偏移位置为基准，电压以通道接地点为基准)。

光标 2 位置(时间以触发偏移位置为基准，电压以通道接地点为基准)。

光标 1、2 的水平间距(ΔX)：即光标间的时间值。

光标 1、2 水平间距的倒数(1/ΔX)。

光标 1、2 的垂直间距(ΔY)：即光标间的电压值。

(2) 追踪模式：光标追踪测量模式是在被测波形上显示十字光标，通过移动光标的水平位置，光标自动在波形上定位，并显示当前定位点的水平、垂直坐标和两光标间水平、垂直的增量。其中，水平坐标以时间值显示，垂直坐标以电压值显示。

操作步骤：

① 选择光标追踪测量模式：按键操作顺序为 CURSOR→光标模式→追踪。

② 选择光标 A、B 的信源：根据被测信号的输入通道，选择CH1或CH2。若不希望显示此光标，则选择无光标。

按键操作顺序为：光标 A 或光标 B→CH1、CH2或无光标。

③ 使用多功能旋钮移动光标在波形上的水平位置，见表 F5.2。

表 F5.2　光标菜单说明(只有当前菜单为光标功能菜单时才能移动光标)

光　标	操　　作
光标 A	旋转多功能旋钮，使光标 A 在波形上水平移动或左右移动
光标 B	旋转多功能旋钮，使光标 B 在波形上水平移动或左右移动

④ 获得测量数值

光标 1 位置(时间以触发偏移位置为基准，电压以通道接地点为基准)。

光标 2 位置(时间以触发偏移位置为基准，电压以通道接地点为基准)。

光标 1、2 的水平间距(ΔX)：即光标间的时间值。(以"秒"为单位)

光标 1、2 水平间距的倒数(1/ΔX)。(以"赫兹"为单位)

光标 1、2 的垂直间距(ΔY)：即光标间的电压值。(以"伏"为单位)

(3) 光标自动测量模式：光标自动测量模式显示当前自动测量参数所应用的光标。若没有在 MEASURE 菜单下选择任何的自动测量参数，将没有光标显示。

本示波器可以自动移动光标测量 MEASURE 菜单下的所有 20 种参数。包括峰-峰值、最大值、最小值、顶端值、底端值、幅值、平均值、均方根值、过冲、预冲、频率、周期、上升时间、下降时间、正占空比、负占空比、延迟 1→2f、延迟 1→2t、正脉宽、负脉宽的测量，共 10 种电压测量和 10 种时间测量。

在菜单控制区中的其他功能键的使用方法见用户手册。

5) 执行控制系统

执行控制系统的按键包括 AUTO (自动设置)和 RUN/STOP (执行/停止)。

(1) AUTO(自动设置)：自动设定仪器各项控制值，以产生适宜观察的波形显示。

按 AUTO 键，快速设置和测量信号，按 AUTO 键后，菜单显示如表 F5.3 所示的选项。

表 F5.3　AUTO 菜单说明

功能说明	说　　明
多周期	设置屏幕自动显示多个周期信号
单周期	设置屏幕自动显示单个周期信号
上升沿	自动设置并显示上升时间
下降沿	自动设置并显示下降时间
撤销	撤销自动设置，返回前一状态

(2) RUN/STOP(执行/停止):运行和停止波形采样。此项功能对于测量非周期性单一脉冲波形很有用,比如:在测量电路的过渡过程的波形时,将触发方式设置为单次,适当选择触发源和触发电平。然后按 RUN/STOP 键使示波器处于等待状态(执行状态),外部电路换路致使输入信号发生变化时示波器进行一次信号采样,信号被保存并显示。

在停止的状态下,对于波形垂直挡位和水平时基可以在一定的范围内调整,相当于对信号进行水平或垂直方向上的扩展。

附录6　西门子S7-200型可编程控制器编程软件使用说明

1. STEP-Micro/WIN32编程软件主界面及各部分功能

启动STEP7-Micro/win32编程软件，其主界面外观如图F6.1所示。

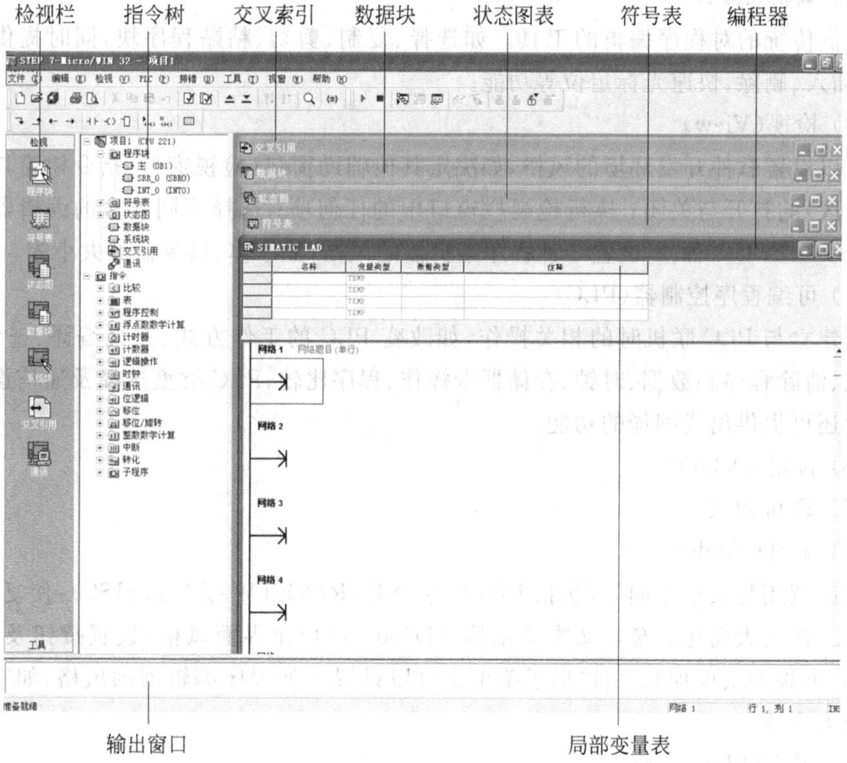

图　F6.1

主界面一般可分以下几个区：菜单栏(包含8个主菜单项)、工具栏(快捷按钮)、检视栏(快捷操作窗口)、指令树(快捷操作窗口)、输出窗口和用户窗口(可同时或分别打开图中的5个用户窗口)。

除菜单栏外，用户可根据需要决定其他窗口的取舍和样式设置。

2. 各部分功能

1) 菜单栏

允许使用鼠标单击或对应热键的操作,是必选区。各主菜单项功能如下:

(1) 文件(File)

文件操作如新建、打开、关闭、保存文件,上装和下载程序,文件的打印预览、设置和操作等。

(2) 编辑(Edit)

提供传统的对程序编辑的工具。如选择、复制、剪切、粘贴程序块,同时提供查找、替换、插入、删除、快速光标定位等功能。

(3) 检视(View)

可以设置软件开发环境的风格,如决定其他辅助窗口(检视窗口、指令树窗口、工具栏按钮区)的打开与关闭;执行检视栏窗口中的任何项;选择不同语言的编辑器(包括LAD、STL、FBD 3 种);设置 3 种程序编辑器的风格,如字体、指令盒的大小等。

(4) 可编程序控制器(PLC)

可建立与 PLC 联机时的相关操作,如改变 PLC 的工作方式、在线编译、查看 PLC 的信息、清除程序和数据、时钟、存储器卡操作、程序比较、PLC 类型选择及通信设置等。在此处还可提供离线编译的功能。

(5) 排错(Debug)

用于联机调试。

(6) 工具(Tools)

可以调用复杂指令向导(包括 PID 指令、NETR/NETW 指令和 HSC),使复杂指令的编程工作大大简化;安装文本显示器 TD200;用户化界面风格(设置按钮及按钮样式,在此可添加菜单项)。用选项子菜单也可以设置 3 种程序编辑器的风格,如字体、指令盒的大小等。

(7) 视窗(Windows)

可以打开一个或多个窗口,并可在窗口之间切换,可以设置窗口的排放形式,如层叠、水平、垂直等。

(8) 帮助(Help)

通过帮助菜单上的目录和索引项可以检阅几乎所有相关的使用帮助信息,帮助菜单还提供了网上查询功能。而且,在软件操作过程中的任何步骤或任何位置都可以按 F1 键来显示在线帮助,大大方便了用户的使用。

2) 工具栏

提供简便的鼠标操作,将最常用的 STEP7-Micro/WIN32 操作以按钮形式设定到工具栏。可利用View/Toolbars自定义工具栏。

3）检视栏

可用View→Navigation bar命令选择是否打开。

它为编程提供按钮控制的快速窗口切换功能，包括程序块（Program Block）、符号表（Symbol table）、状态图表（Status Chart）、数据块（Data Block）、系统块（System Block）、交叉索引（Cross Reference）和通信（Communications）。

单击任何一个按钮，则主窗口将切换到此按钮对应的窗口。

检视栏中的所有功能都可用指令树窗口或菜单中的View来完成。

4）指令树

提供编程时用到的所有快捷操作命令和PLC指令。可利用View→Instruction tree命令将指令树打开。

5）交叉索引

提供三方面的索引信息，即交叉索引信息、字节使用情况信息和位使用情况信息。使编程所用的PLC资源一目了然。

6）数据块

利用该窗口可以设置和修改变量存储区内各种类型存储区的一个或多个变量值，并加注必要的注释说明。

7）状态图表

可在联机调试时监视各变量的值和状态。

8）符号表

实际编程时，为了增加程序的可读性，常用带有实际含义的符号名称作为编程元件，而不是用元件在主机中的直接地址，例如编程时用start作为编程元件，而不用I0.3。符号表可用来建立自定义符号与直接地址之间的对应，并可附加注释，以使程序结构清晰易读。

9）输出窗口

用来显示程序编译的结果信息。如程序的各块（主程序、子程序的数量及子程序号，中断程序的数量及中断程序号）及各块的大小，编译结果有无错误及错误编码和位置等。

10）状态栏

也称任务栏，与一般应用软件的任务栏功能相同。

11）编程器

可用梯形图、语句表或功能图表编程器编写用户程序，或在联机状态下从PLC上装用户程序进行读程序或修改程序。

12）局部变量表

每个程序块都对应一个局部变量表，在带参数的子程序调用中，参数的传递就是通过局部变量表进行的。

3. 编程

1）程序来源

（1）打开

打开一个磁盘中已有的程序文件，可利用菜单命令“文件”→“打开”，在弹出的对话框中选择打开的文件；也可用工具栏中的“打开”按钮来完成。图 F6.2 所示为一个打开的在指令树窗口中的程序结构。

图中程序文件的文件名为“项目 1”，PLC 型号为 CPU 221，包含与之相关的 7 个块。其中，程序块包含的主程序名为主（OB1）；子程序名为 SBR-0（SBR0）；中断程序名为 INT-0（INT0）。

（2）上装

在已经与 PLC 建立通信的前提下，如果要上装一个 PLC 存储器中的程序文件，可利用菜单命令“文件”→“上装”，也可用工具栏中的⏏（载入）按钮来完成。

（3）新建

建立一个程序文件，可用菜单命令“文件”→“新建”，在主窗口将显示新建的程序文件主程序区；也可用工具栏中的“新建”按钮来完成。图 F6.3 所示为一个新建程序文件的指令树，系统默认的初始设置如下：

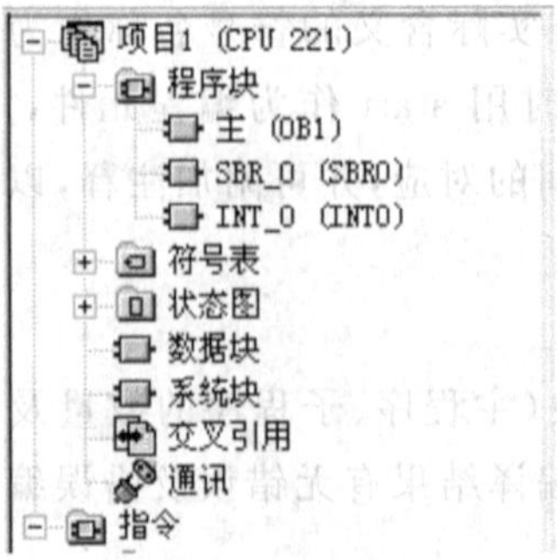

图 F6.2

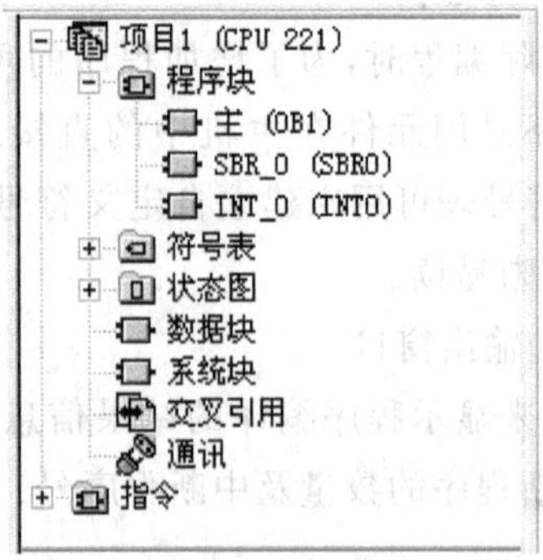

图 F6.3

新建的程序文件以项目 1（CPU 221）命名，括号内为系统默认的 PLC 型号。项目包含 7 个相关的块。其中，程序块中有 1 个主程序；1 个子程序 SBR-0；1 个中断程序 INT_0。用户可以根据实际编程需要进行以下操作。

① 确定主机型号

首先要根据实际应用情况选择PLC型号。方法为：右击“项目1(CPU221)”图标，在弹出的快捷菜单中选择“类型(T)”选项，然后可以在弹出的对话框中选择所用的PLC型号。也可用菜单命令“PLC”→“类型”来选择。

② 程序更名

项目文件更名：如果新建了一个程序文件，可选择菜单命令“文件”→“保存”或“文件”→“另存为”，然后可以在弹出的对话框中输入名称。

子程序和中断程序更名：在指令树窗口中，右击要更名的子程序或中断程序名称，在弹出的快捷菜单中选择“重新命名”命令，然后可以输入名称。

主程序的名称一般用默认的“项目1”，任何项目文件的主程序只有一个。

添加一个子程序的方法有以下几种。

方法1：在指令树窗口中，右击“程序块”图标，在弹出的快捷菜单中选择“插入子程序”命令。

方法2：用菜单命令“编辑”→“插入”→“子程序”实现。

方法3：在编辑窗口右击编辑区，在弹出的快捷菜单中选择“插入”→“子程序”命令。新生成的子程序会根据已有子程序的数目默认名称为SBR-n，用户可以自行更名。

添加一个中断程序：在指令树窗口中，右击“程序块”图标，在弹出的快捷菜单中选择“插入中断程序”命令。或用菜单命令“编辑”→“插入”→“中断程序”实现。也可在编辑窗口右击编辑区，在弹出的快捷菜单中选择“插入”→“中断程序”命令。新生成的中断程序会根据已有中断程序的数目默认名称为INT-n，用户可以自行更名。

编辑程序：若要编辑程序块中的任何一个程序，只需在指令树窗口中双击该程序的图标即可。

2）编辑程序

编辑和修改控制程序是程序员利用STEP 7-Micro/WIN 32编程软件所做的最基本的工作，本软件有较强的编辑功能。本节只以梯形图为例介绍一些基本编辑操作。

下面以图F6.4所示的梯形图程序的编辑过程为例介绍程序编辑的各种操作。

(1) 输入编程元件

梯形图的编程元件(编程元素)主要有线圈、触点、指令盒、标号及连线等。输入方法有以下两种。

方法1：用指令树窗口中所列的一系列指令。双击要输入的指令，再根据指令的类别将指令分别编排在若干子目录中，如图F6.4所示。

方法2：用工具栏上的一组编程按钮。单击触点、线圈或指令盒按钮，从弹出的窗口的下拉菜单所列出的指令中选择，单击要输入的指令即可。按钮和弹出的下拉菜单如图F6.5和图F6.6所示。

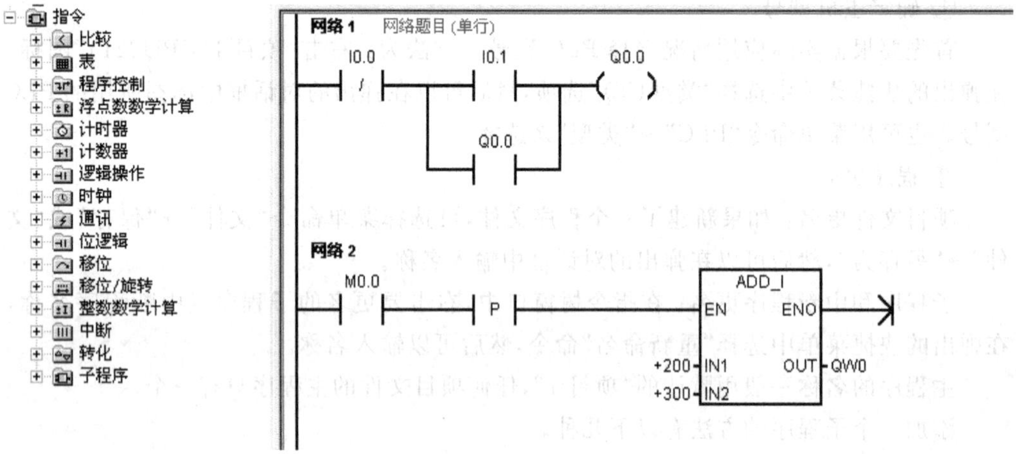

图 F6.4

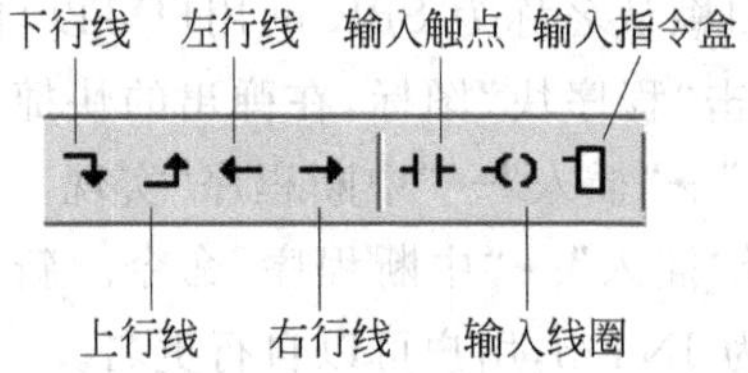

图 F6.5

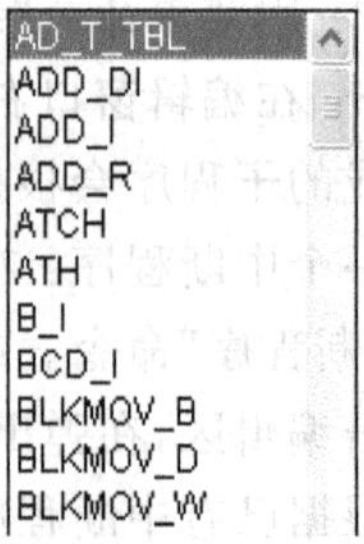

图 F6.6

图 6.5 中,7 个按钮的操作分别是：前 4 个为下行线、上行线、左行线、右行线,用于形成复杂梯形图结构；后 3 个为输入一个触点、输入一个线圈、输入一个指令盒。图 F6.6为单击输入一个指令盒按钮时的结果。

顺序输入：在一个梯级网络中,如果只有编程元件的串联连接,输入和输出都无分叉,则视为顺序输入。其方法非常简单,只需从梯级的开始依次输入各编程元件即可,每输入一个元件,光标自动向后移动到下一列,如图 F6.7 所示。图中“网络 2”下的⇥就是一个梯级的开始,⇥表示可在此继续输入元件。图中已经连续在一行上输入了两个触点,若想再输入一个线圈,可以直接在指令树中双击点亮的线圈图标。图中的方框为光标(大光标),编程元件就是在此光标处输入的。

输入操作数：图 F6.7 中的“??.?”表示此处必须有操作数。此处的操作数为两个触点的名称。输入时,可单击“??.?”,然后输入操作数。

任意添俭输入：如果想在任意位置添加一个编程元件,只需单击这一位置将光标移到此处,然后即可输入编程元件。

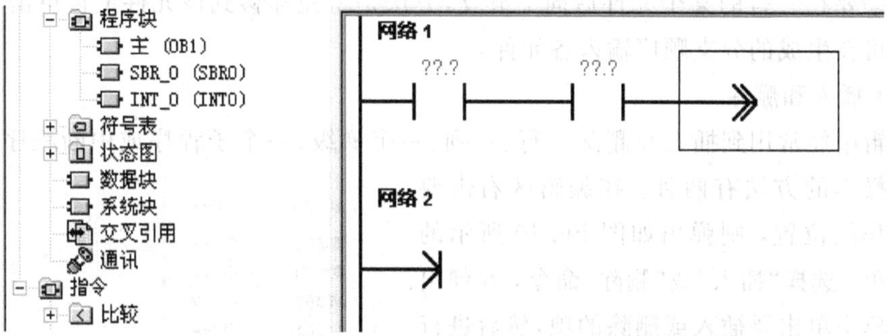

图　F6.7

(2) 复杂结构

用工具栏中的指令按钮可编辑复杂结构的梯形图，如图 F6.8 所示。单击图中第一行下方的编程区域，则在本行下一行的开始处显示小图标，然后可输入触点新生成一行。

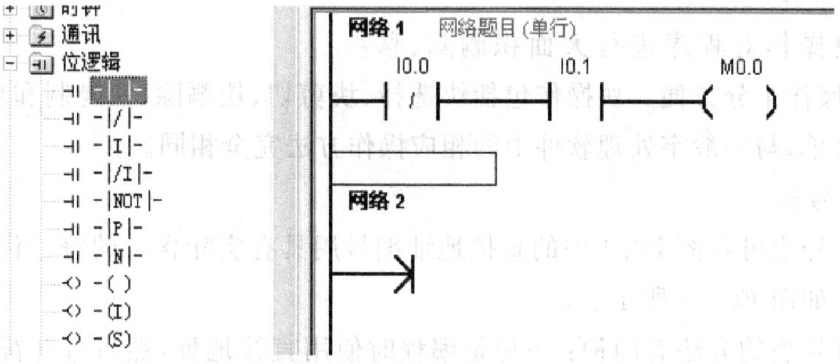

图　F6.8

输入完成后如图 F6.9 所示，将光标移到要合并的触点处，单击上行线按钮即可。

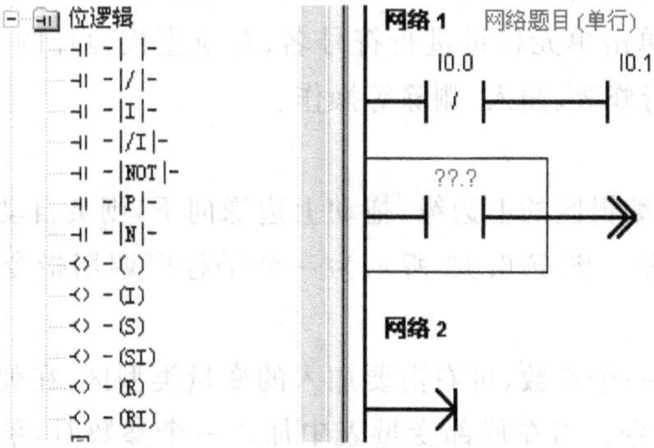

图　F6.9

如果要在一行的某个元件后向下分支，方法是将光标移到该元件上再单击↴按钮。然后便可在生成的分支顺序输入各元件。

（3）插入和删除

编辑中经常用到插入和删除一行、一列、一个梯级、一个子程序或中断程序等。执行以上操作的方法有两种：在编辑区右击要进行操作的位置，则弹出如图 F6.10 所示的快捷菜单，选择“插入”或“删除”命令，在弹出的子菜单中单击要插入或删除的项，然后进行编辑；也可用菜单命令“编辑”→“插入”或“编辑”→“删除”完成相同的操作。图 F6.10 中的左上图是光标中含有编程元件的情况下右击时的结果，此时的“剪切”和“复制”项处于有效状态，可以对元件进行剪切或复制。

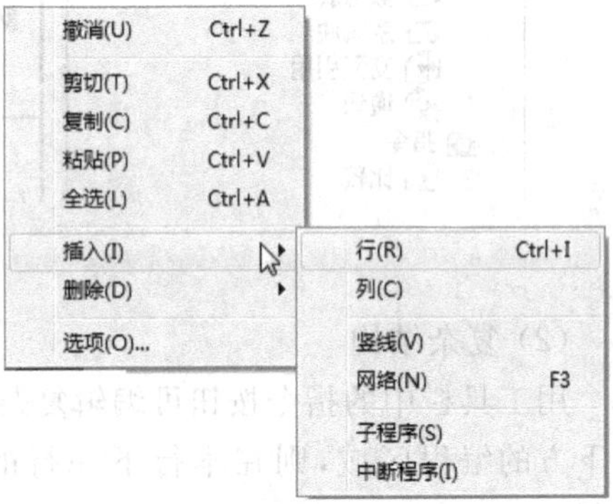

图 F6.10

（4）块操作

利用块操作对程序进行大面积删除、移动、复制等操作十分方便。块操作包括块选择、块剪切、块删除、块复制和块粘贴。这些操作非常简单，与一般字处理软件中的相应操作方法完全相同。

（5）符号表

使用符号表可将图 F6.4 中的直接地址编号用具有实际含义的符号代替，经编译后形成的结果如图 F6.11 所示。

使用符号表的方法有两种：一种是编程时使用直接地址，然后打开符号表，编写与直接地址对应的符号，编译后由软件自动转换名称；另一种是在编程时直接使用符号名称，然后打开符号表，编写与符号对应的直接地址，编译后可得到相同的结果。

符号表的编辑方法：利用菜单命令“检视”→“符号表”或引导条窗口中的“符号表”按钮进入，如图 F6.12 所示。单击单元格可进行符号名、对应直接地址的录入，可以加注释说明。右击单元格，可进行修改、插入、删除等操作。

（6）局部变量表

将光标移到编辑器的程序编辑区的上边缘，拖动上边缘向下，则会自动显示出局部变量表，此时即可设置局部变量。图 F 6.13 所示为一个子程序调用指令和其局部变量表。

若要在局部变量表中加入一个参数，可右击要加入的变量类型区，在弹出的快捷菜单中选择“插入”→“下一行”命令。当在局部变量表中加入一个参数时，系统会自动给各参数分配局部变量存储空间。

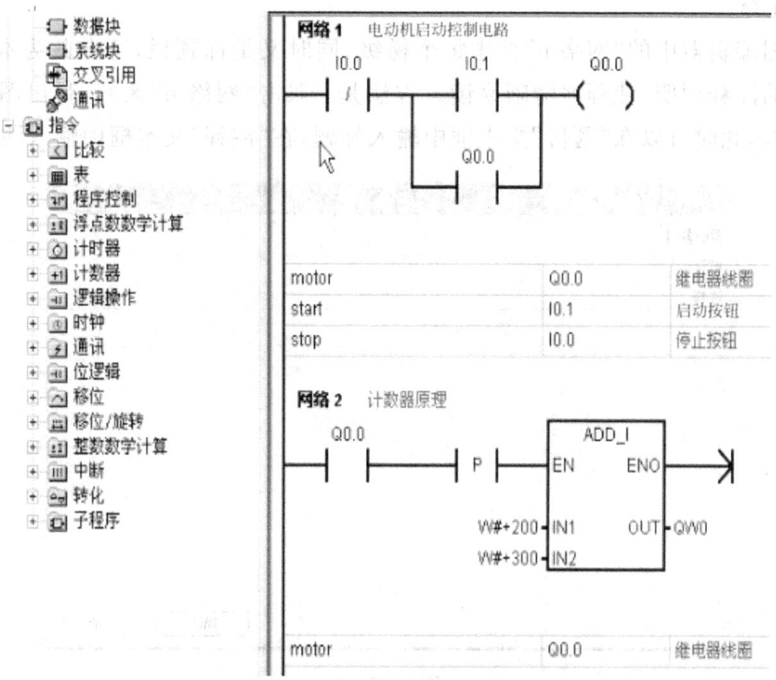

图　F6.11

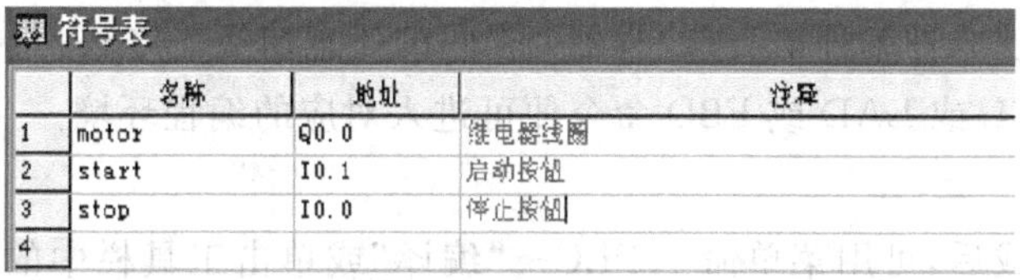

	名称	地址	注释
1	motor	Q0.0	继电器线圈
2	start	I0.1	启动按钮
3	stop	I0.0	停止按钮
4			

图　F6.12

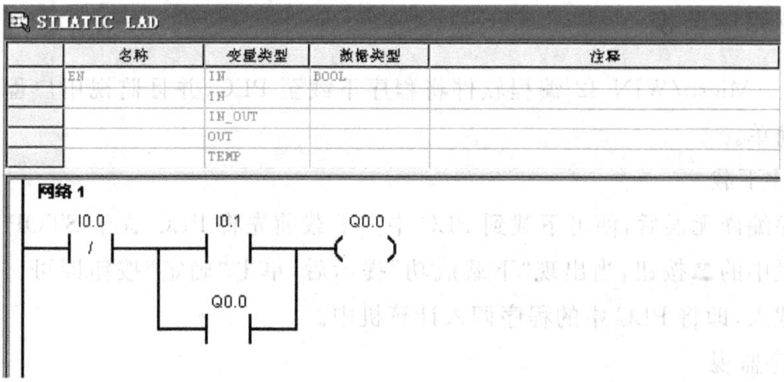

	名称	变量类型	数据类型	注释
	EN	IN	BOOL	
		IN		
		IN_OUT		
		OUT		
		TEMP		

图　F6.13

(7) 注释

梯形图编辑器中的“网络 n”标志每个梯级,同时又是标题栏,可在此为本梯级加标题或必要的注释说明,使程序清晰易读。方法是:双击“网络 n”区域,弹出图 F6.14 所示的对话框,此时可以在“题目”文本框中输入标题,在“注释”文本框中输入注释。

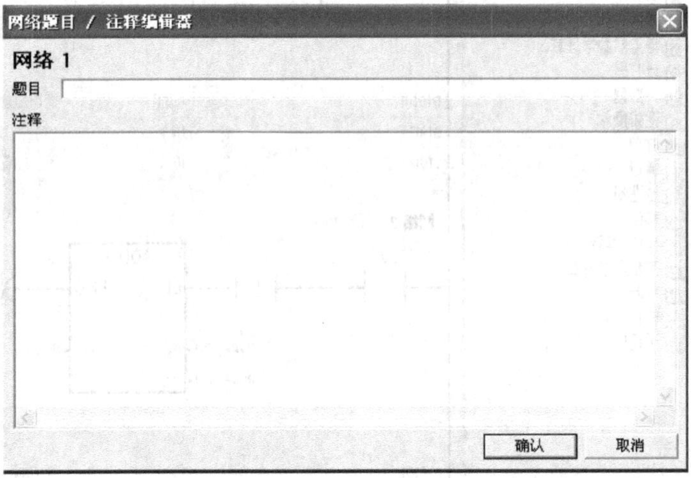

图 F6.14

(8) 语言转换

本软件可实现 3 种编程语言(编程器)之间的任意切换。方法是:在菜单栏中选择检视(View)→STL 或 LAD 或 FBD 命令便可进入对应的编程环境。

(9) 编译

程序编辑完成后,可用菜单命令 PLC→“编译”或单击工具栏中的☑按钮进行离线编译。编译结束后,会在输出窗口显示编译结果信息。

4. 下载及程序监视

STEP 7-Micro/WIN 32 编程软件将程序下载至 PLC,并且监视用户程序执行,其操作方便简单。

1) 程序下载

当程序编译无误后,便可下载到 PLC 中。下载前先将 PLC 置于 STOP 模式,然后单击工具栏中的▼按钮,当出现“下载成功”提示后,单击“确定”按钮即可。另外,▲键的功能为载入,即将 PLC 中的程序调入计算机中。

2) 程序监视

利用 3 种程序编辑器都可在 PLC 运行时监视程序对各元件的执行结果,并可监视操作数的数值。

(1) 梯形图监视

利用梯形图编辑器可以监视在线程序状态，如图 F6.15 所示。图中被点亮的元件表示处于接触状态。

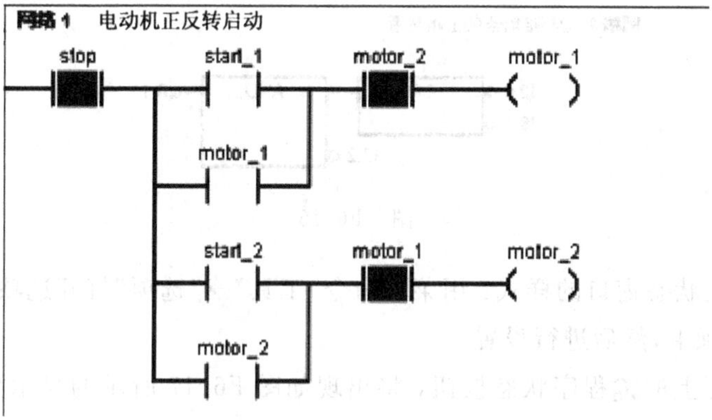

图 F6.15

梯形图中可显示所有操作数的值，所有这些操作数状态都是 PLC 在扫描周期完成时的结果。STEP 7-Micro/WIN 32 经过多个扫描周期采集状态值，然后刷新梯形图中各值的状态显示。通常情况下，梯形图的状态显示不反映程序执行时的每个编程元素的实际状态。

用菜单命令“工具”→“选择”打开“选项”对话框，切换到“LAD 状态”选项卡，然后选择一种梯形图的样式。可选择的梯形图样式有 3 种：指令内部显示地址，外部显示值；指令外部显示地址和值；只显示状态值。

打开梯形图窗口，在工具栏中单击按钮，再将 PLC 置于 RUN 模式，即可运行下载的程序。

(2) 功能块图监视

利用 STEP 7-Micro/WIN 32 功能块图编辑器也可以监视在线程序状态。通常情况下，梯形图的状态显示也不反映程序执行时的每个编程元素的实际状态。

功能块图的监视方法与梯形图监视相同，显示状态如图 F6.16 所示。

(3) 语句表监视

用户可利用语句表编辑器监视在线程序状态。语句表程序状态按钮连续不断地更新屏幕上的数值，操作数按顺序显示在屏幕上，此顺序与它们出现在指令中的顺序一致，当指令执行时，这些数值将被捕捉，因此它可以反映指令的实际运行状态。

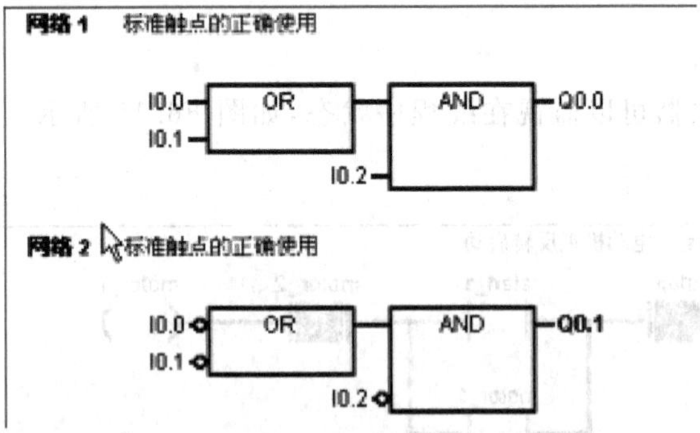

图 F6.16

设置语句表状态窗口的样式：用菜单命令“工具”→“选项”打开选项对话框，切换到“STL 状态”选项卡，然后进行设置。

单击工具栏上的按钮程序状态按钮，将出现如图 F6.17 所示的显示界面。其中，语句表的程序代码出现在左侧的 STL 状态窗口里，包含操作数的状态区域显示在右侧。间接寻址的操作数将同时显示存储单元的值和它的指针。

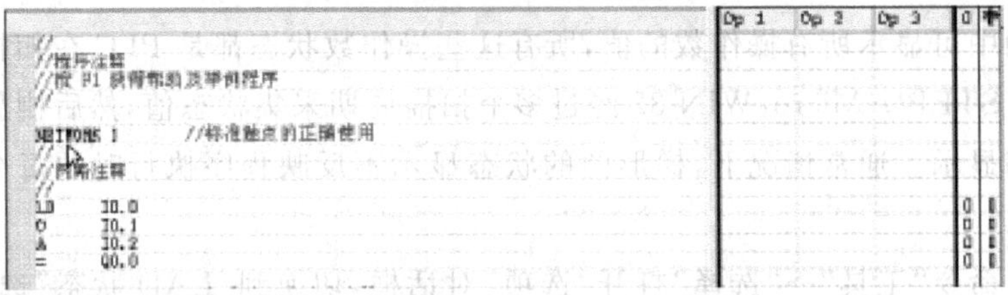

图 F6.17

可以用工具栏中的按钮暂停，则当前的状态数据将保留在屏幕上，直到再次单击此按钮为止。

图中状态数值的颜色指示指令执行状态：黑色表示指令正确执行；红色表示指令执行有错误；灰色表示指令由于栈顶值为 0 或由跳转指令使之跳过而没有执行；空白表示指令未执行。可用初次扫描得到第一个扫描周期的信息。

5. S7-200 可编程控制器(PLC)实验箱面板图

S7-200 可编程控制器(PLC)的实验箱面板图如图 F6.18 所示。

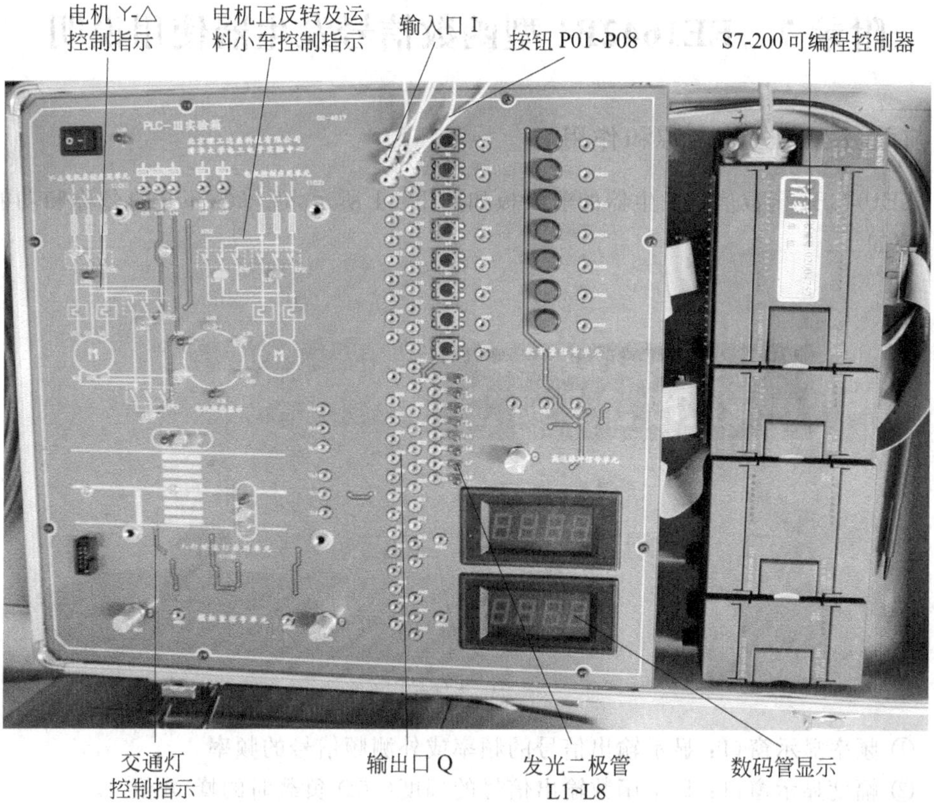
电机 Y-△
控制指示
电机正反转及运
料小车控制指示
输入口 I
按钮 P01~P08
S7-200 可编程控制器
交通灯
控制指示
输出口 Q
发光二极管
L1~L8
数码管显示

图　F6.18

附录 7　EE1642B1 型函数信号发生器使用说明

1. 前面板各部分的名称和作用

EE1642B1 函数信号发生器的前面板如图 F7.1 所示，现将各部分的名称和功能简要介绍如下：

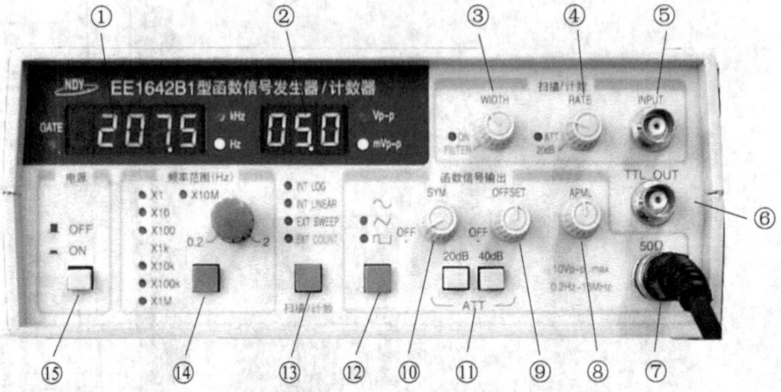

图　F7.1

① 频率显示窗口：显示输出信号的频率或外测频信号的频率。

② 幅度显示窗口：显示函数输出信号的幅度(50Ω 负载时的峰-峰值)。

③ 扫描宽度调节旋钮：调节此旋钮可以改变内扫描的扫频范围，在外测频时，逆时针旋到底(绿灯亮)，外输入被测信号经过滤波器进入测量系统。

④ 扫描速率调节旋钮：调节此旋钮可以改变内扫描的时间长短。在外测频时，逆时针旋到底(绿灯亮)，外输入被测信号经过衰减“20dB”后进入测量系统。

⑤ 外部输入插座：外扫描控制信号或外测频信号由此输入。

⑥ TTL 信号输出插座：输出标准的 TTL 幅度的脉冲信号，输出阻抗为 600Ω。

⑦ 函数信号输出端：输出多种波形受控的函数信号，最大输出幅度 20V(峰-峰值，1MΩ 负载)，10V(峰-峰值，50Ω 负载)。

⑧ 函数信号输出幅度调节旋钮：调节范围为 20dB。

⑨ 输出函数信号的直流电平预置调节旋钮：调节范围为 −5～+5V(50Ω 负载)。当电位器处在“关”的位置时，为 0 电平。

⑩ 输出波形对称性调节旋钮：调节此旋钮可改变输出信号的对称性。当电位器处于“关”的位置时，输出对称信号。

⑪ 函数信号输出幅度衰减按钮：“20dB”、“40dB”二键均不按下，输出信号不衰减，直接输出到插座口；按下“20dB”或“40dB”键，则可选择 20dB 或 40dB 衰减；若上述二

键同时按下，则衰减 60dB。

⑫ 函数输出波形选择按钮：可选择输出正弦波、三角波或脉冲波。

⑬“扫描/计数”按钮：可选择多种扫描方式和外测频方式。

⑭ 频率范围选择按钮：调节此按钮可改变输出频率的 1 个频程。

⑮ 电源开关：此键按下时，接通电源，整机工作；此键弹起则关掉整机电源。

2. 50Ω 主函数信号输出

（1）由前面板插座⑦连接测试电缆（一般要接 50Ω 匹配器），输出函数信号；

（2）由频率选择按钮选定输出函数信号的频段，由频率调节旋钮调整输出信号频率，直到所需的值；

（3）由波形选择按钮选定输出波形的种类：正弦波、三角波或脉冲波；

（4）由信号幅度衰减按钮和幅度调节旋钮调节输出信号的幅度；

（5）由信号直流电平调节旋钮调整输出信号的直流电平；

（6）输出波形对称性调节旋钮可改变输出脉冲信号的占空比，与此类似，输出波形为三角波或正弦波时，可使三角波变为锯齿波，正弦波变为上升半周和下降半周分别为不同角频率的正弦波形。

3. TTL 脉冲信号输出

（1）由信号输出插座连接测试电缆（不接 50Ω 匹配器），输出 TTL 脉冲信号；

（2）除信号电平为标准 TTL 电平外，其重复频率、操作方法均与函数输出信号相同。

4. 内扫描扫频信号输出

（1）“扫描/计数”按钮选定为“内扫描方式”；

（2）分别调节扫描宽度调节旋钮和扫描速率调节旋钮得到所需的扫描信号输出；

（3）函数输出插座、TTL 脉冲信号输出插座均输出相应的内扫描的扫频信号。

5. 外扫描调频信号输出

（1）“扫描/计数”按钮选定为“外扫描方式”；

（2）由外部输入插座输入相应的控制信号，即可得到相应的受控扫描信号。

6. 外测频功能检查

（1）“扫描/计数”按钮选定为“外计数方式”；

（2）用本仪器提供的测试电缆，将函数信号引入外部输入插座，观察显示频率应与“内”测量时相同。

附录 8　部分数字集成电路组件引脚图

(1) 74LS00 四 2 输入与非门(图 F8.1);

(2) 74LS02 四 2 输入或非门(图 F8.2);

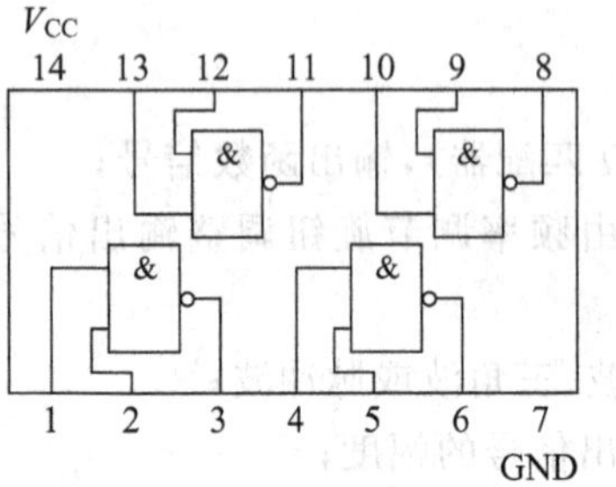

图　F8.1

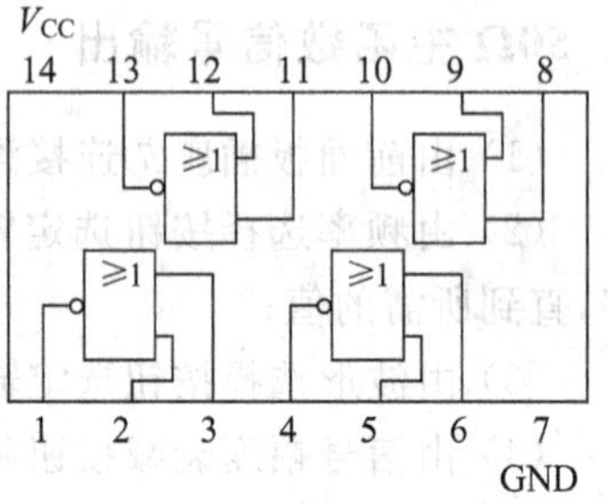

图　F8.2

(3) 74LS04 六反相器(图 F8.3);

(4) 74LS20 双 4 输入与非门(图 F8.4);

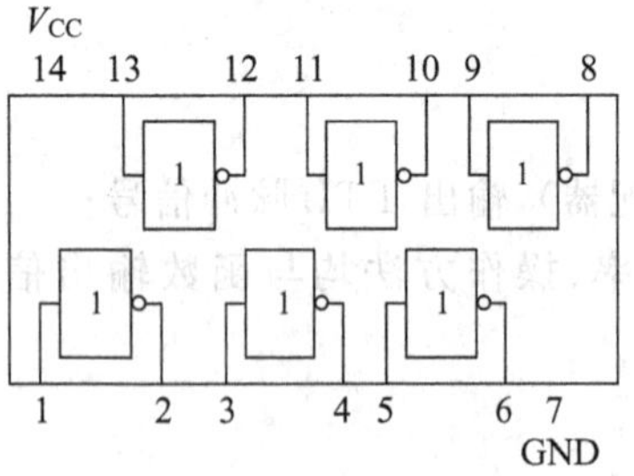

图　F8.3

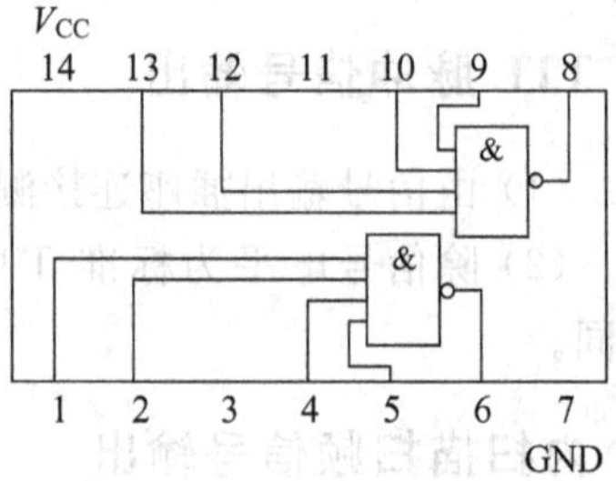

图　F8.4

(5) 74LS48 BCD——七段译码器/驱动器(图 F8.5);

(6) 74LS138 三-八线译码器(图 F8.6);

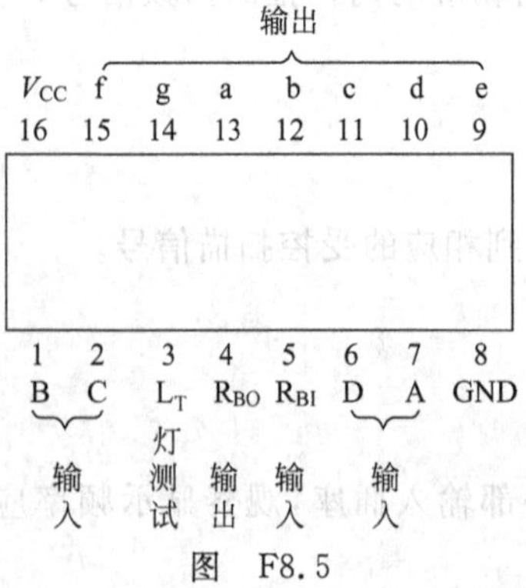

图　F8.5

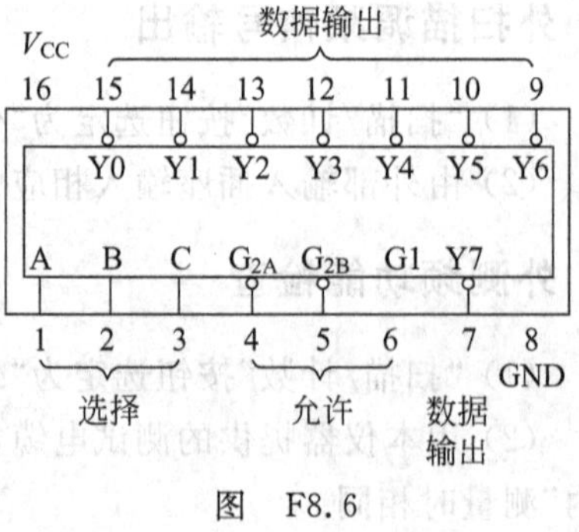

图　F8.6

(7) 74LS74 双 D 触发器(图 F8.7,附功能表(表 F8.1));

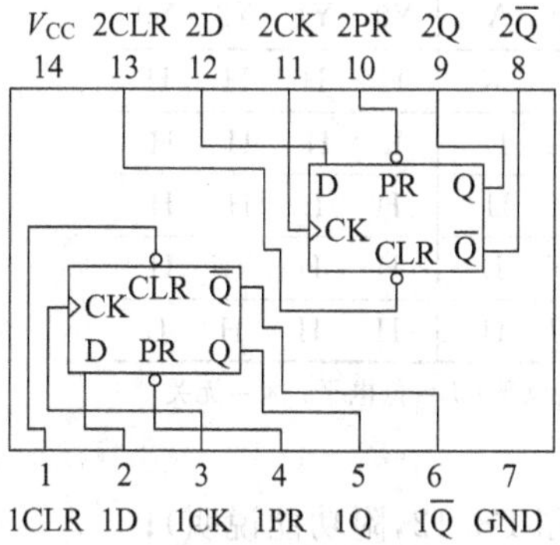

图 F8.7

表 F8.1 74LS74 功能表

输入				输出	
预置	清除	时钟	D	Q_{n+1}	$\overline{Q}_{n+1}$
L	H	×	×	H	L
H	L	×	×	L	H
L	L	×	×	H*	H*
H	H	↑	H	H	L
H	H	↑	L	L	H
H	H	L	×	Q_n	$\overline{Q}_n$

* 表示该状态为非法状态,当预置或清除信号变为 H 或同时为 H 时,输出变为 1 或 0 状态。

(8) 74LS90 二-五-十计数器(图 F8.8,附功能表(表 F8.2));

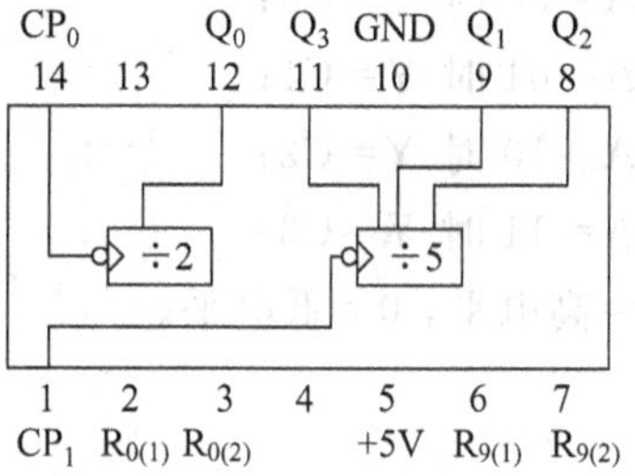

图 F8.8

表 F8.2 74LS90 组件功能表

$R_{0(1)}$	$R_{0(2)}$	$R_{9(1)}$	$R_{9(2)}$	CP	Q_3	Q_2	Q_1	Q_0	
1	1	×	×	×	0	0	0	0	清 0
×	×	1	1	×	1	0	0	1	置 9
任一为 0		任一为 0		↓					计数

(9) 74LS107 双 JK 触发器(图 F8.9);

(10) 74LS123 双可再触发单稳态多谐振荡器(图 F8.10);

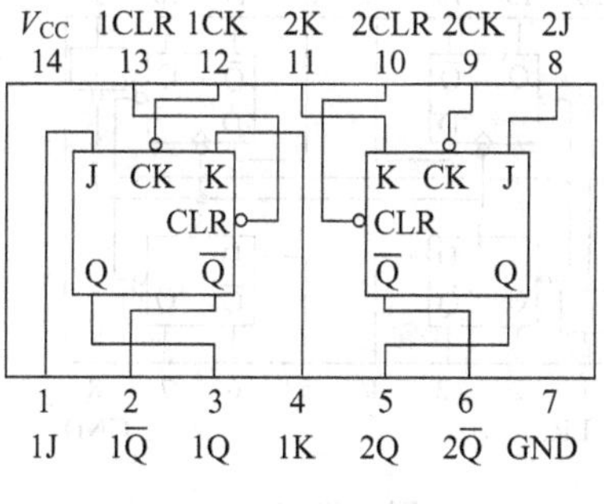

图 F8.9

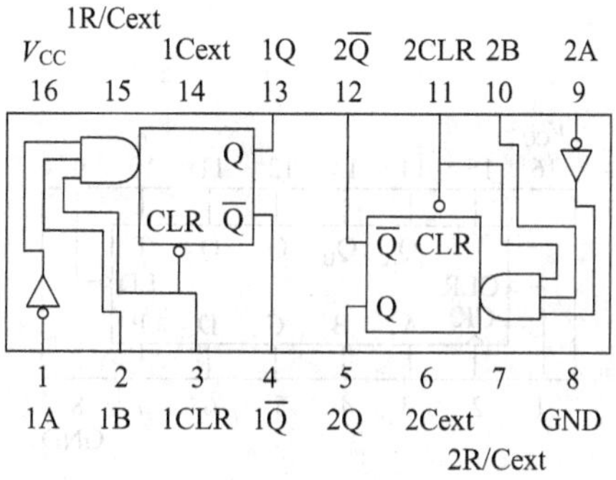

图 F8.10

(11) 74LS139 双二-四线译码器(图 F8.11,附功能表(表 F8.3));

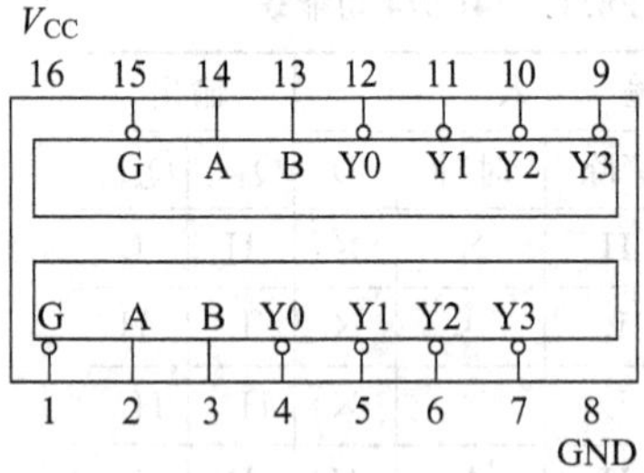

图 F8.11

表 F8.3 74LS139 功能表

G	B	A	Y0	Y1	Y2	Y3
H	×	×	H	H	H	H
L	L	L	L	H	H	H
L	L	H	H	L	H	H
L	H	L	H	H	L	H
L	H	H	H	H	H	L

H=高电平;L=低电平;×=无关

(12) 74LS153 双 4-1 线数据选择器/多路开关(图 F8.12,附功能说明);

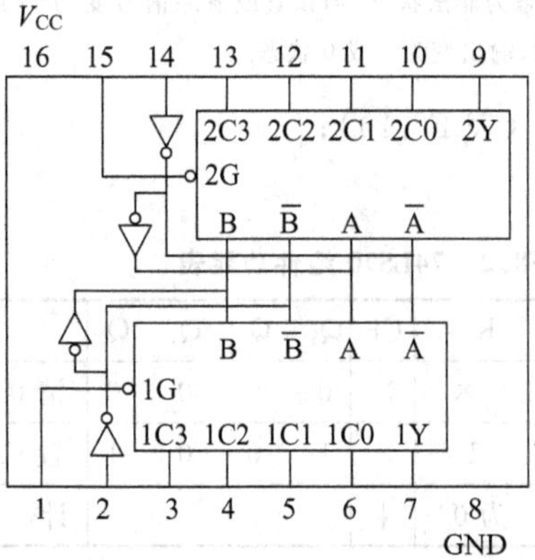

图 F8.12

74LS153 功能说明:
G=0 时选通有效;
BA=00 时 Y=C0;
BA=01 时 Y=C1;
BA=10 时 Y=C2;
BA=11 时 Y=C3;
1=高电平,0=低电平。

(13) 74LS163 四位同步二进制(图 F8.13);
(14) 74LS175 四 D 触发器计数器(图 F8.14);

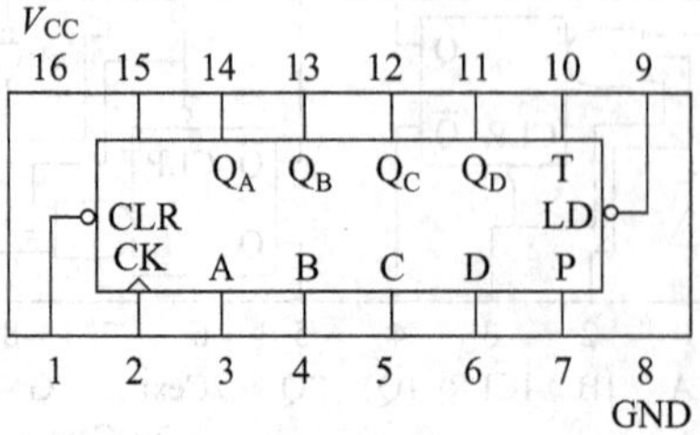

图 F8.13

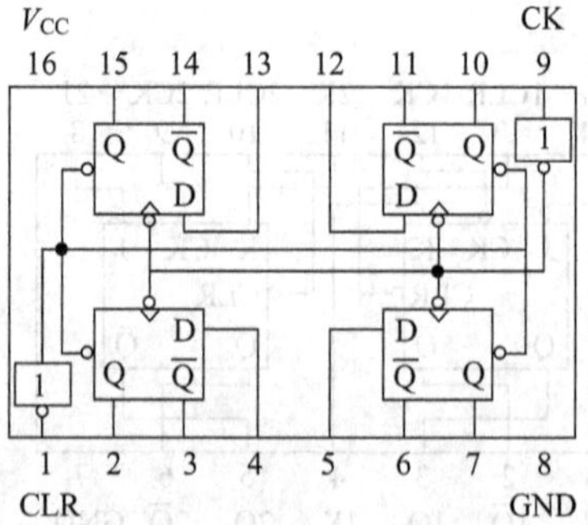

图 F8.14

(15) 74LS194 四位双向移位寄存器(图 F8.15 及组件功能表(表 F8.4));

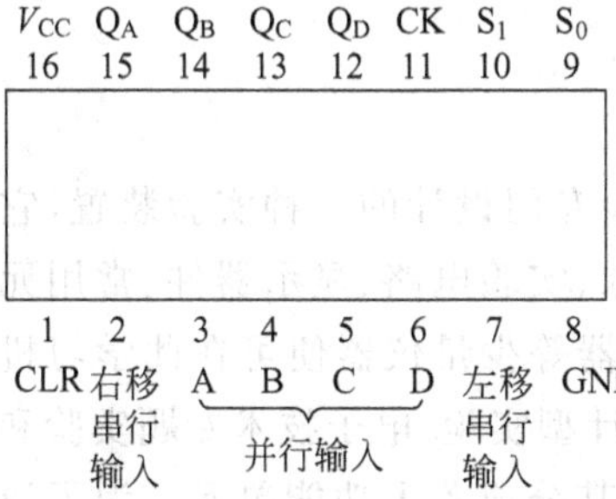

图　F8.15

表 F8.4　74LS194 组件功能表

CLR	S_0	S_1	CK	输出
0	×	×	×	置 0
1	0	0	×	保持
1	1	0	↑	右移
1	0	1	↑	左移
1	1	1	↑	并行输入

(16) NE555 定时器(图 F8.16);

(17) 七段显示数码管(图 F8.17)。

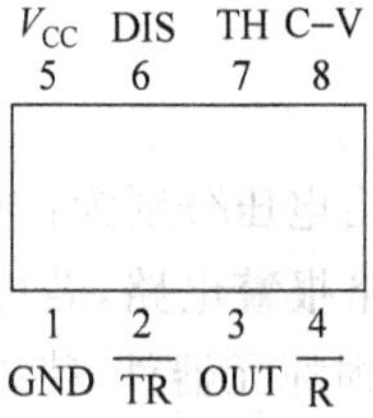

图　F8.16

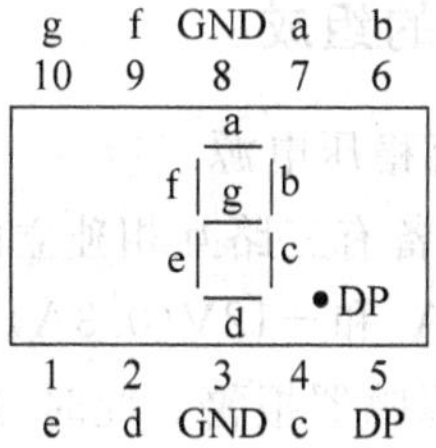

图　F8.17

附录9　TES-1电子技术学习机使用说明

1. 概述

TES-1型电子技术学习机是为电子技术课程实验专门设计的一种实验装置，它具有一般电子技术实验常用的资源，如直流电源、信号源、实验电路、显示器件、常用元器件测试电路、数字万用表以及面包板等。配备上示波器等少量仪器便可在此学习机上进行模拟电路和数字电路的基础型实验、电子技术设计型实验、电子技术专题实验和课程设计等。在学习机印刷电路板的正面，用方框线将其分成若干功能单元。为了清晰地表示，在各单元内均标出了单元的名称、元器件符号、标称值以及功能电路的输入、输出端等。各功能电路的输入、输出，元器件引脚等均由插孔引出，用直径为0.5mm的单股导线进行连接，可方便地组成各种实验电路。各部分的元器件均焊在印刷电路板的反面。

2. 学习机的组成

1）直流稳压电源

学习机备有三路互相独立的直流稳压电源，它们的输出电压分别为：＋5V(0.8A)、＋12V(0.3A)和－12V(0.3A)。每路电源都加有输出短路报警电路，若电源输出端对地短路，则蜂鸣器报警。此时，应立即关断电源开关，以免损坏元器件，待查明原因并消除短路现象后再重新开机。

2）信号源

学习机备有电子技术实验常用的各种信号源，以下分别介绍。

(1) 固定频率脉冲源

共有四路脉冲源，它们是由石英晶体振荡器的输出经分频器分频获得。四路脉冲源的输出均为TTL电平的方波脉冲，频率分别10kHz、1kHz、10Hz和1Hz。

(2) 频率可调脉冲源

频率可调脉冲源输出TTL电平的方波脉冲，调节"输出频率调节"旋钮（电位器）可改变输出信号的频率，频率调节范围约为1～10kHz。在电路板的"外接电容"插孔处并接电容，可以改变脉冲源的频率调节范围，满足使用者的要求。

(3) 单脉冲源

单脉冲源的输出由按键开关控制，每按一次按键，则输出一个脉冲。其中标有"⎍"符号的插孔输出正脉冲，标有"⊔"符号的插孔输出负脉冲。

(4) 双路直流信号源

学习机设计有两路完全相同的直流信号源。每路直流信号源的输出电压范围均分为两挡：−0.5～+0.5V 和−5～+5V，由“输出幅值范围选择”开关进行切换。挡内由“输出幅值调节”旋钮进行(连续)调节。

(5) 1kHz 正弦信号源

为了使用方便，学习机设计有一路固定频率的正弦信号源，其输出信号的频率为 1kHz，输出电压的幅度可由“输出幅值调节”旋钮进行(连续)调节，最大值约为 5V(峰-峰值)。

(6) 开关量输出

开关量输出单元中有 8 个控制开关 K0～K7。将某个开关向上拨，其输出插孔输出高电平（开路输出电压为 5V，内阻约为 10kΩ）；开关向下拨，其输出插孔输出低电平(开路输出电压为 0V，内阻约为 330Ω)。

(7) 数字键盘

由 12 个按键开关 S9～S0、START、CLR 组成数字键盘。输出插孔 9～0、START、CLR 输出电平信号(有抖动)，常态为低电平。经过编码电路，输出插孔 Q3～Q0 输出二进制码(无抖动)。输出与输入的逻辑关系参见表 F9.1。

表 F9.1

序号	输入											输出			
	S0	S1	S2	S3	S4	S5	S6	S7	S8	S9	START	Q3	Q2	Q1	Q0
0	1	0	0	0	0	0	0	0	0	0	0	0	0	0	0
1	×	1	0	0	0	0	0	0	0	0	0	0	0	0	1
2	×	×	1	0	0	0	0	0	0	0	0	0	0	1	0
3	×	×	×	1	0	0	0	0	0	0	0	0	0	1	1
4	×	×	×	×	1	0	0	0	0	0	0	0	1	0	0
5	×	×	×	×	×	1	0	0	0	0	0	0	1	0	1
6	×	×	×	×	×	×	1	0	0	0	0	0	1	1	0
7	×	×	×	×	×	×	×	1	0	0	0	0	1	1	1
8	×	×	×	×	×	×	×	×	1	0	0	1	0	0	0
9	×	×	×	×	×	×	×	×	×	1	0	1	0	0	1
10	×	×	×	×	×	×	×	×	×	×	1	1	0	1	0
11	0	0	0	0	0	0	0	0	0	0	0	1	1	1	1

3) 显示器件

学习机备有两类显示器件。

(1) 发光二极管

用发光二极管显示被测信号电平的高低。本机共有 8 只发光二极管 L7～L0，它们的负极均等效接地，通过上部的插孔可接入电路。

(2) 七段 LED 显示器

学习机上装有 6 个共阳极七段 LED 显示器。其中 LED6～LED4 等 3 个显示器的各段位串联 510Ω 电阻后引到面板,供使用者自行设计译码电路,以便逐段控制,显示数字或字符。另 3 个显示器 LED3～LED1 已接有 74LS48 译码器进行驱动,使用者只需在"D、C、B、A"插孔输入 8421 码即可显示 0～9 十个数字。若输入的二进制数大于 9,则显示伪码。若输入数字"15",则显示器不亮。

4) 面包板

在学习机印刷电路板的中部装有 3 条面包板,用于插装元器件,连接电路。面包板中间有 1 条分隔槽,把面包板分成两部分,每个部分有 5×64 个孔。每列的 5 个孔是相通的。实验时把集成电路插在分隔槽的两边,每脚占 1 个孔,引脚所在列的另 4 个孔用作连接电路。另外,在 3 条面包板的上、下方各有两排孔。这两排孔中每 5 个孔为 1 组,共 10 组,1、2、3、4、5 组相通,6、7、8、9、10 组相通,排与排之间的孔不通。使用时,可通过测量来熟悉面包板的结构。

5) 模拟电路实验单元

(1) 单管放大电路

此部分安装有两只 NPN 双极型晶体管(插座)和若干阻容元件, 通过适当的组合、连接可构成各种实验电路,例如三种组态(共射、共基、共集)单管放大电路、多级放大电路、反馈放大电路等。还可以进行晶体管参数测试等实验。

(2) 运算电路

此部分安装有一只 8 脚插座(用于插接几种特定的集成运放,如 OP07、μA741、LF351 等)和一只 16 脚插座(用于插接模拟开关等其他集成电路)以及若干阻容元件,通过适当的组合、连接可以组成各种实验电路。例如信号运算电路、有源滤波电路、模拟开关运算电路等。

(3) 波形发生器

此部分安装有两只 8 脚插座(主要用于插接几种特定的集成运放,型号同上)和若干阻容元件、二极管等。主要用来构成各种振荡电路,如文式桥正弦振荡电路、矩形波振荡电路、三角波发生电路等。

将上述三部分巧妙地组合起来,可以构成规模更大、功能更复杂的电路,因此能够进行一些综合性较强的实验。

6) 元器件测试电路

学习机设计了几种有实际意义的元器件测试电路,以下分别介绍。

(1) 晶体管特性测试电路

该电路主要用于测量 BJT 晶体管的输出特性曲线,以及二极管的正向伏安特性和稳压值小于 10V 的稳压管的稳压特性。下面以测试 BJT 晶体管输出特性曲线为例来说明测量方法。

① 根据被测晶体管的类型设置“类型选择开关”。当测量“NPN”管时，选择开关拨至 NPN 一侧；当测量 PNP 管时选择开关置于“PNP”一侧。

② 将三极管的发射极、基极和集电极三引脚对应插入被测晶体管的 E、B、C 插孔。

③ 将示波器置于“$X-Y$”工作方式，测试电路的“至 X 轴”端通过探头接示波器的“CH1”，测试电路的“至 Y 轴”端通过探头接示波器的“CH2”，示波器的地线与学习机的地线相连。

④ 调节示波器的有关旋钮，使屏幕上显示出大小和位置合适的输出特性曲线图形。

⑤ 读数方法：测试电路设计时已将基极阶梯电流固定为 5μA/每级。示波器 X 轴偏转代表电压 u_{CE}，示波器 Y 轴偏转与集电极电流 i_C 成正比(即代表电流 i_C)，比例系数固定为1mA/V。因此若已知 X、Y 轴的偏转灵敏度，即可读出每条曲线的参变量 I_B 的值以及各点 u_{CE}电压和 i_C 电流的值。

需要指出的是，由于学习机直流电源电压的限制，加在晶体管集电极的扫描电压幅度大约为 10V 左右，因此电压 u_{CE}的测量范围与此相同。

将二极管的正、负极分别插入测试电路的 C、E 插孔，便可在示波器屏幕上显示出二极管的正向伏安特性曲线。类似地，将稳压二极管的负、正极分别插入测试电路的 C、E 插孔，便可在示波器屏幕上显示出稳压二极管的反向伏安特性(即稳压特性)曲线。它们的读数方法与测量 BJT 晶体管时相同。

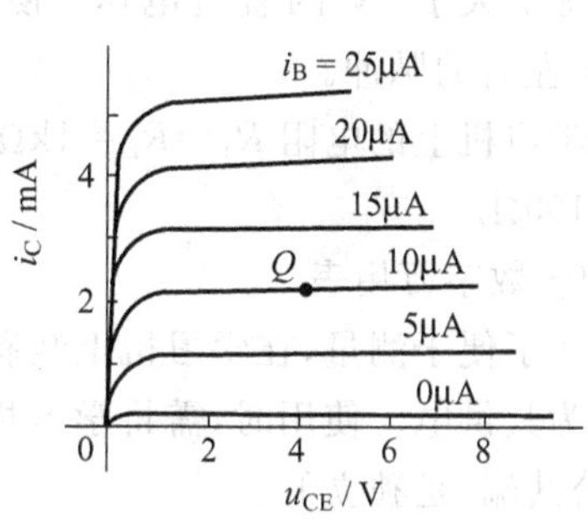

图　F9.1

典型的晶体管输出特性曲线如图F9.1所示。

(2) 集成运算放大器测试电路

设计该测试电路的主要目的是用来判断实验中常用集成运算放大器的好坏，而不是定量测量运放的技术指标。能够测试的运放型号有 OP07、μA741 (F007)、LF351 等。通过测量电路运放的增益和失调从而判断其好坏。将运放插入 DIP8 插座内，若“增益”指示灯(绿色)亮，“失调” 指示灯(红色)不亮，表明运放能够正常工作；否则表明运放已损坏或指标严重变坏。

(3) 556 定时器测试电路

将 556 芯片插入 DIP14 插座内，若安装在芯片右侧的红色指示灯闪烁(频率约1s)，则表明芯片工作正常；否则表明芯片已损坏。

7) 阻容网络

电阻分压网路和 RC 网路分别如图 F9.2(a)、(b)所示。在“常用电子仪器的原理与应用”的实验中会用到这两个电路。

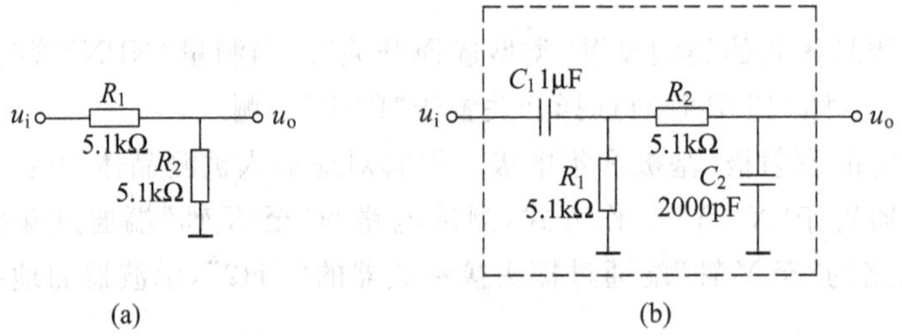

图 F9.2

8）元件库

学习机可提供一个简单的“元件库”供选用。元件库中的元件分为两类：一类是位于电路板左侧的 4 个多圈电位器，其阻值分别为 100kΩ、47kΩ、10kΩ 和 1kΩ，可通过其下面的插孔将电位器接入实验电路中；另一类是位于电路板右侧的“元件库”，它包括若干个电阻、电容、二极管、直流蜂鸣器、脉冲蜂鸣器等。使用直流蜂鸣器时需在蜂鸣器的两端加上大于 2V 的直流电压；使用脉冲蜂鸣器时需在蜂鸣器的两端加上 500Hz～2kHz 左右的脉冲。

学习机上的电阻 $R_1=R_2=1\text{k}\Omega$，电容 $C_1=C_2=0.1\mu\text{F}$，待插 1 电阻＝1kΩ，待插 4 电阻＝100Ω。

9）数字万用表

为了便于测量，在学习机上装有一块型号为 DT-9236 的数字万用表，由独立的稳压电源为其供电。使用时，需将学习机接通交流 220V 电源，并打开万用表的开关。该表的“公共端”是独立的。

3. 学习机使用注意事项

(1) 学习机上所用的针型插孔直径为 0.5mm。在实验中，各针型插孔之间、针型插孔与面包板之间以及面包板上各孔之间的连接只能使用直径为 0.5mm 的单股导线。这种单股导线易弯、易断，如果导线断在针型插孔内，则难于取出，从而会使该插孔报废，会直接影响实验的正常进行。所以，在实验中请注意及时将头部已弯曲的导线剪断，重新剥线，养成勤剪勤剥的好习惯。另外，在实验操作中也不要压、折插孔上的导线。

(2) 学习机上许多插孔带有直流电压，所以在做实验时切忌裸线搭在这些插孔上，以免造成短路。

附录 10 AFG310 任意波形发生器使用说明

1. 功能说明

AFG310 是同时具有任意波形编辑功能和标准波形发生器功能的便携式波形发生器。AFG310 是 AFG300 系列任意函数发生器的单通道输出型，AFG320 是双通道输出型。其主要特性有：

(1) 七种标准函数波形：正弦波、方波、三角波、锯齿波、脉冲、直流和噪声。

(2) 最大输出频率为 16MHz。

(3) 50Ω 阻抗浮点输出。

(4) 三种操作模式：连续模式、触发模式和脉冲模式。

(5) 四种调制函数：扫频函数、频率调制(FM)、频移键控(FSK)调制和幅度调制(AM)。

(6) 通过编辑功能创建和编辑波形，具有 4 个用户波形存储器。

(7) 20 个设置存储器：通过存储器存储和调用设置，调用可选择分步调用模式。

(8) 标准 GPIB 接口：可通过该接口对仪器进行控制和从其他仪器输入波形。

AFG310 的面板结构及其组件分类如图 F10.1 所示。

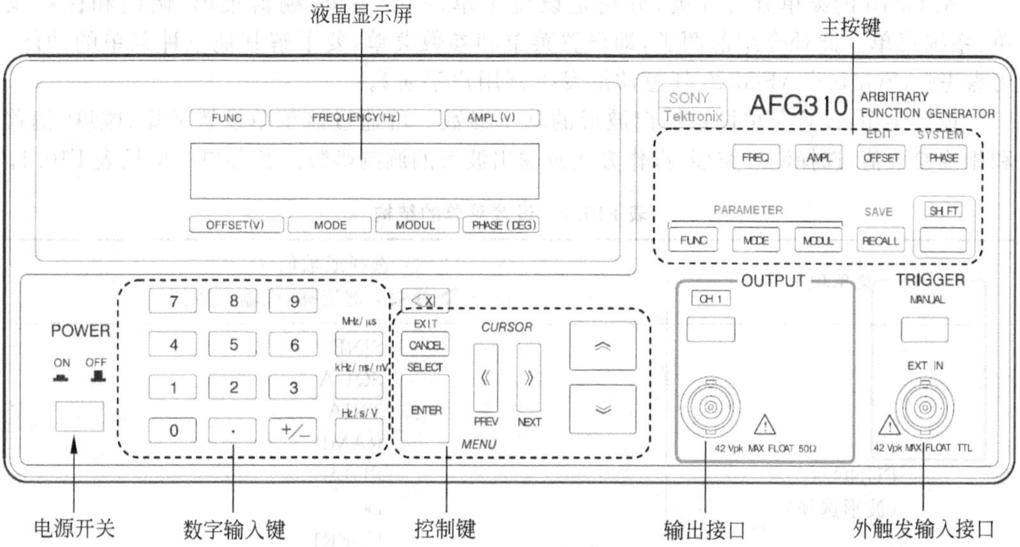

图 F10.1 AFG310 面板结构与组件分类

面板各组成部分的功能简要说明如下：

主按键：选择并进入相应的功能主菜单(或称菜单项)，从而对输出信号的函数进行设置。按 SHIFT 键后其键上的显示灯亮，SHIFT 键起作用。这时功能键的作用是其上部标注的文字对应的功能。

控制键：选择标准函数形式、增加或减小数值(︽和︾键)，改变光标位置(《和》键)、取消(CANCEL)、确认输入(ENTER)等。

数字输入键：输入数值。

输出接口：连接输出，按钮可以接通或断开输出。

液晶显示屏：显示输出信号的各项参数、显示菜单及参数。

2. 操作方法

1) 菜单说明

AFG310 的输出信号及其参数是用菜单进行设置的，按某个主按键进入菜单项。每个菜单项都对应波形的一种参数，包括函数波形的形式、频率、幅度等参数。而菜单项的参数值分为枚举型和数值型两种。比如波形的形式分为：SINE、SQUARE、TRIANGLE 等，是枚举型参数；而波形的幅度、频率是数值型参数值。因此，设置信号时，先选择函数的形式(按 FUNC 键然后用︽和︾键选择函数形式)，再设置函数的各种参数(按 FREL 、 AMPL 键等后进行相应的操作)。

AFG310 的菜单分为五类，分别是设置菜单、参数菜单、编辑菜单、调用和保存菜单、系统菜单。此处介绍前两类，即设置菜单和参数菜单，要了解其他三种菜单的功能，可参考《AFG310&AFG320 任意波形发生器用户手册》。

设置菜单：设置菜单设置输出波形的基本参数。可通过该菜单设置频率、幅度、偏移和相位参数值，选择波形类型、操作方式及输出波形的调制函数。其菜单结构见表 F10.1。

表 F10.1　设置菜单的结构

菜单项	选择或数值 (用︽或︾键选择，或输入数值)
FUNC (波形选择)	SINE SQUA TRIA RAMP PULS DC USER1 USER2 USER3 EDIT

续表

菜单项	选择或数值 (用︽或︾键选择,或输入数值)
FREQ (频率)	数值
AMPL (幅度)	数值
OFFSET (偏置)	数值
PHASE (相位)	数值
MODE (模式)	COUNT TRIG BRST
MODUL (调制)	OFF SWP FM FSK AM

参数菜单:参数菜单包括 FUNC PARAM、MODE PARAM 和 MODUL PARAM 等项,用于设置脉冲波形的占空系数、脉冲个数和调制参数值。其结构如表 F10.2 所示。

表 F10.2 设置菜单的结构

菜单项	菜单项 (用︽和︾键选择)	(用︽或︾键选择,或数值输入)
FUNC PARAM (函数参数)	PULSE DUTY (占空比)	数值
MODE PARAM (模式参数)	BURST COUNT (组脉冲数)	数值
MODUL PARAM (调制参数)	SWP START (扫描起始频率) SWP STOP (扫描起始频率) SWP TIME (扫描时间)	数值 数值 数值
	SWP SPACING (扫描间隔)	LINEAR LOG

续表

菜单项	菜单项 （用︽和︾键选择）	（用︽或︾键选择，或数值输入）
MODUL PARAM （调制参数）	FM FUNC（调频波形）	SINE SQUARE TRIAGLE USER1 USER2 USER3 EDIT MEMORY
	FM FREQ（调频频率）	数值
	FM DEVIA（调频频率偏移）	数值
	FSK RATE（频率转换比率）	数值
	FSK FREQ（跳变频率）	数值

2）液晶显示屏

在默认状态下，液晶显示屏显示设置菜单项（FUNC、FREQUENCY、AMPL、OFFSET、MODE 及 PHSE）的当前值，如图 F10.2 所示。

打开电源，执行初始化程序或执行安全方式操作之后本仪器都进入默认状态。

重复按 [EXIT]（[CANCEL]）按钮，当前显示菜单将回到默认显示。同样，按 [OFFSET]、[MODUL] 或 [PHASE] 按钮中的任何一个也将返回默认显示。

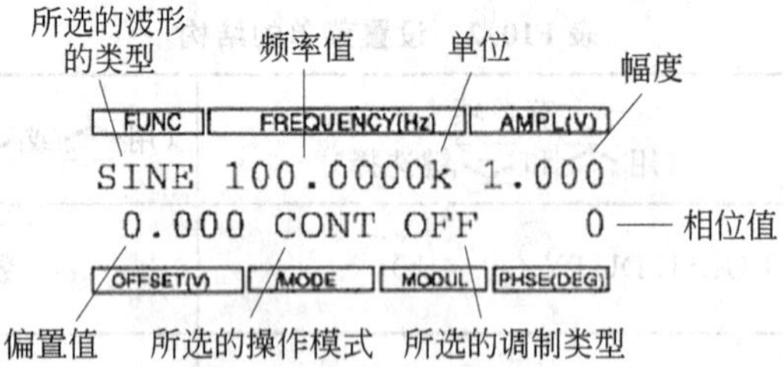

图 F10.2 液晶显示屏

当先按 [SHIFT] 按钮，然后接着按 [EDIT]、[SYSTEM]、[FUNC PARAMETER]、[MODE PARAMETER]、[MODUL PARAMETER] 或 [RECALL] 按钮中的任何一个，或仅按 [SAVE] 按钮，相应的菜单项将显示在液晶显示器的第二行。

3）光标

当进入某个菜单项后，在液晶显示屏上相应的菜单项下出现下画线光标，表示此项处于编辑状态。对于数值，可用《或》键移动光标的位置(选择要改变的位)，用︽或︾键进行选择或改变数值。也可以直接用输入数值的方法进行数值参数设置。输入数值后需按 ENTER 键。

图 F10.3(a)中光标位于 FUNC 项，这时用︽或︾键选择函数。图 F10.3(b)中光标位于 AMPL 项小数点后的第 3 位(可以用《或》键移动光标所在的位)，用︽或︾键选择数值。也可以直接输入数值，然后按 ENTER 键。

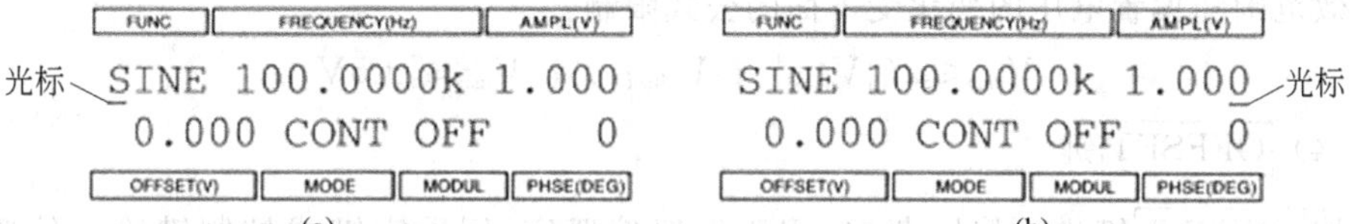

图 F10.3　下画线光标

4) 部分按键的功能及操作方法

(1) FUNC 键

按 FUNC 键进入波形选择菜单。选择的波形可以是七种标准波形(如图 F10.4 所示)、用户定义并存入存储器的波形或写入编辑存储器的波形。在此选择的波形将成为输出波形。

波形不同最大的输出频率也不同。当波形类型改变且当前频率设置超过了新选择的波形类型的最大频率时，频率设置将自动被设置为新类型频率的最大值。例如，如果仪器被设置为输出 100MHz 的正弦波，波形类型改设成脉冲波，则输出频率自动改变为 100kHz。

有七种标准波形：正弦波、方波、三角波、锯齿波、脉冲波、直流波和噪音波，如图 F10.4 所示。

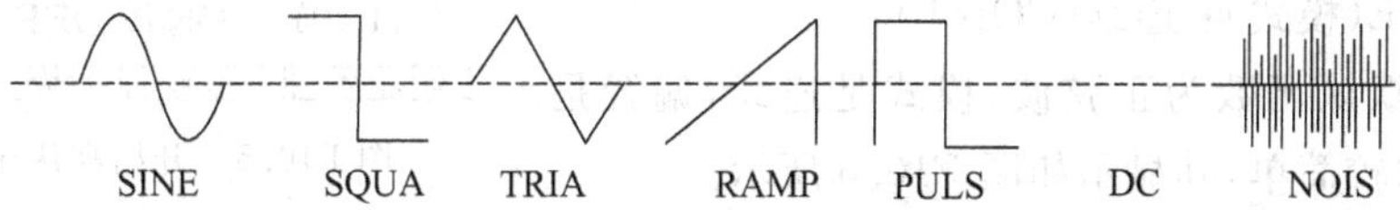

图 F10.4　七种标准波形

(2) FREQ 键

按 FREQ 键进入频率菜单，用于设置输出频率。用数字键或控制键︽或︾输入频率值。频率分辨率为 10mHz 或 7 位数字。默认频率为 100kHz，但对直流和锯齿波形无频率设置。波形不同允许的最高频率也不同。

(3) AMPL键

按AMPL键进入幅度菜单，用于设置幅度。用数字键或控制键输入幅度。幅度设置范围为50mV至10.00V(峰-峰值)，最小步幅为5mV。所显示值为输出端的终端负载为50Ω时的值。如果输出端开路，实际输出的幅度为显示值的二倍。默认的幅度设置为1V(峰-峰值)。对DC波形没有幅度项。

当终端负载为50Ω时，本仪器可以产生的最大输出电压(V_{max})为±5V。幅度设置的有效范围随偏置电压的变化受下面的公式限制：

$$V_{amp} \leqslant 2(|V_{max}| - |V_{offset}|),\quad V_{max} \leqslant \pm 5V$$

(4) OFFSET键

按OFFSET键进入偏置菜单，用于设置偏置度，用数字键或控制键输入偏置值。偏置值可在±5V范围内设置，最小步幅为5mV。显示值是终端负载为50Ω时的偏置值。如果输出端开路，实际输出的偏置为显示值的二倍。默认偏置设置为0V。

(5) PHASE键

按PHASE键进入相位菜单，用于设置相位值，用数字键或控制键输入相位值。在最小步幅为1°时，相位的设置范围为±360°，默认相位值为0°。

3. 操作实例

例1 输出标准波形正弦波，参数为：

FUNC(函数)：SINE

AMPL(幅度)：2V(峰-峰值)

OFFSET(偏置)：0

FREQ(频率)：50kHz

MODE(模式)：连续(CONT)

开机默认函数为正弦波，模式是连续，偏置是0。设置比较简单，其显示如图F10.5所示。

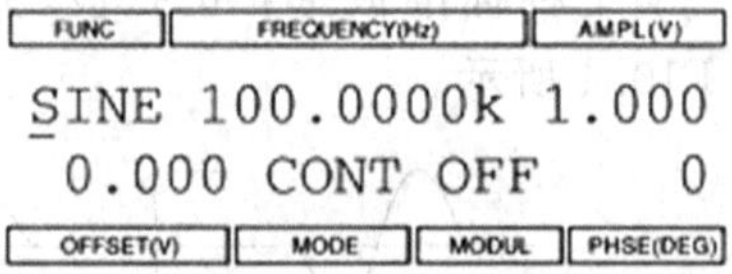

图F10.5 开始默认显示

设置过程：

函数设置：开机默认函数是SINE。如果不是，按FUNC键光标被置于函数菜单项→按︽或︾键选择函数(PULS)，然后按ENTER键。

频率：按FREQ键光标被置于频率参数→按《和》键改变光标位置→按︽或︾键选择数值50kHz。

幅度：按 AMPL 键光标被置于幅度参数→按《和》键改变光标位置→按︽或︾键选择数值2V(峰-峰值)。

本例要求其他参数都是默认值,不需改变。

例2 输出标准波形正弦波,参数为：

FUNC(函数)：PULS

AMPL(幅度)：5V(峰-峰值)

OFFSET(偏置)：2.5V

FREQ(频率)：50kHz

占空比：25%

MODE(模式)：无限(IMF)

设置过程：

函数：按 FUNC 键光标被置于函数菜单项→按︽或︾键选择函数(PULS),然后按 ENTER 键,如图F10.6所示。

频率：按 FREQ 键光标被置于频率参数→按《和》键改变光标位置 →按︽或︾键选择数值50kHz。

幅度：按 AMPL 键光标被置于幅度参数→按《和》键改变光标位置→按︽或︾键选择数值5V(峰-峰值)。

偏置:按 OFFSET 键光标被置于偏置参数→按《和》键改变光标位置→按︽或︾键选择数值2.5V(峰-峰值)。

占空比:SHIFT1,FUNC,因为本菜单只包含脉冲信号占空比设置项,所以光标位于占空比参数位置处,如图F10.7所示。按《和》键改变光标位置;按︽或︾键选择数值25%。

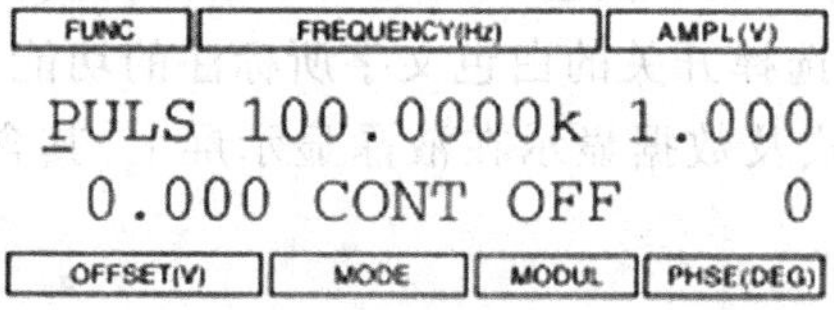

图F10.6 函数设置为PULS

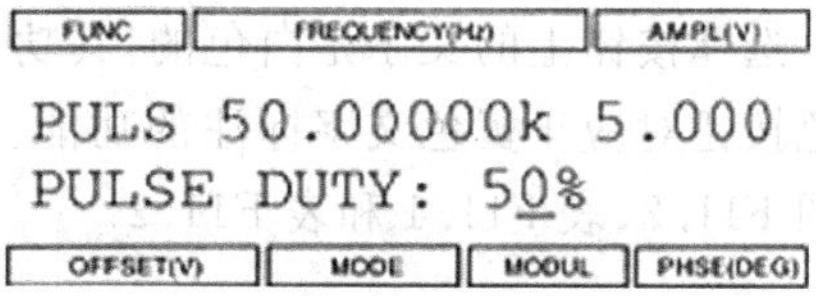

图F10.7 设置脉冲的占空比

附录 11　FLUKE 17B 数字万用表使用说明

1. 功能及面板说明

FLUKE 17B 数字万用表具有交直流电压、交直流电流、电阻、电容、二极管、短路蜂鸣和温度的测量功能。所有输入端具有安全牢固的设计；具有温度测试等功能。

测量端口有：适用于 0～10A 的交流和直流电电流测量的输入端子；适用于 0～400mA 的交流电和直流电微安及毫安测量的输入端子；适用于所有测试的公共端子；适用于电压、电阻、通断性、二极管、电容测量的输入端子，如图 F11.1 所示。

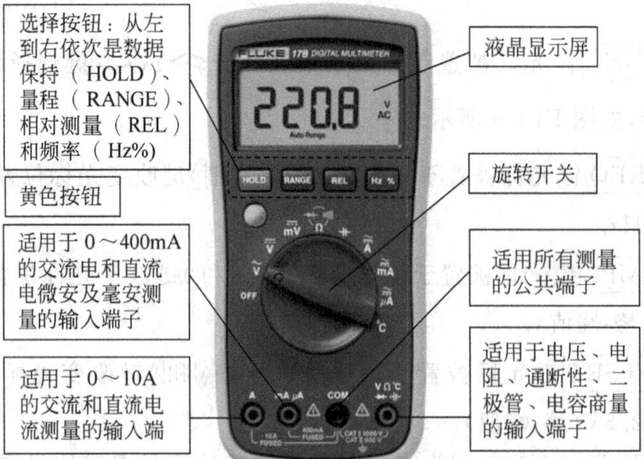

图 F11.1　FLUKE 17B 数字万用表面板说明

测量时输入端子与旋转开关配合使用。选择按钮和黄色按钮是用来选择测量模式的。选择按钮上的文字是白色的，其功能对应于选择开关的白色文字所标注的功能，而黄色按钮对应于黄色文字标注的功能。测量模式及数据显示在液晶显示屏上，其含义见图 F11.2、表 F11.1 和表 F11.2。

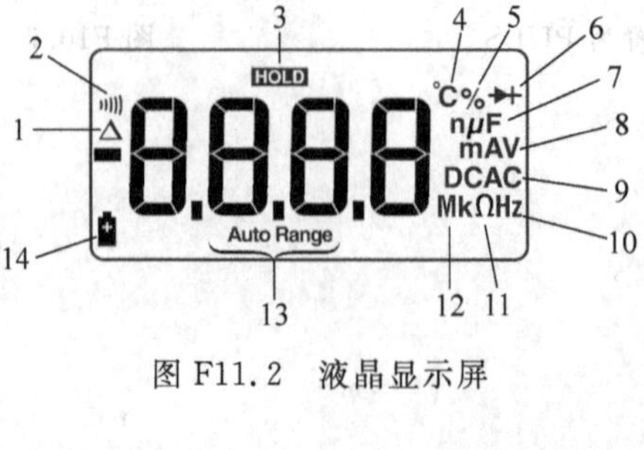

图 F11.2　液晶显示屏

表 F11.1　图 F11.2 标注说明

标注	说　　明	标注	说　　明
1	已启用相对测量模式	8	A、V—安培或伏特
2	已选中通断性测量	9	DC、AC—直流或交流电压或电流
3	已启用数据保持模式	10	Hz—已选中频率
4	已选中温度测量	11	Ω—已选中欧姆
5	已选中负载循环	12	m、M、k—倍数单位前缀
6	已选中二极管测试	13	已选中自动量程
7	F—法拉	14	电池电量不足，应立即更换

表 F11.2　国际标准电气符号

∼	AC(交流电)	⏚	接地
⎓	DC(直流电)	⏛	熔断器
≂	交流电或直流电	⧈	双重绝缘
⚠	注意安全	⚡	电击危险
🔋	电池	CE	CE 认证标志(符合欧盟的相关法令)

2. 测量方法

1) 手动量程及自动测量

万用表有手动及自动量程两个选择。在自动量程模式内，万用表会为检测到的输入选择最佳量程，用户则无须重置量程。可以手动选择量程来改变自动量程。在有超出一个量程的测量功能中，万用表的默认值为自动量程模式。当电表在自动量程模式时，会显示 Auto Range。

要进入及退出手动量程模式：

(1) 按 RANGE 键。每按 RANGE 键一次会递增一个量程。当达到最高量程时，万用表会回到最低量程。

(2) 要退出手动量程模式，按住 RANGE 键 2s。

2) 数据暂停

按下 HOLD 键保存当前读数。再按 HOLD 键恢复正常操作。

3）相对测量

万用表会显示除频率外所有功能的相对测量。

(1) 当万用表设在想要的功能时，让测试导线接触以后测量要比较的电路。

(2) 按下 REL 键将此测得的值储存为参考值，并启动相对测量模式。将会显示参考值和后续读数间的差异。

(3) 按下 REL 键超过 2s，电表恢复正常操作。

4）测量交流或直流电压

测量步骤如下：

(1) 将旋转开关转到 $\tilde{\mathrm{V}}$、$\overline{\overline{\mathrm{V}}}$或$\overline{\overline{\mathrm{mV}}}$，选择测量交流电或直流电。

(2) 将红色测试导线插入 $\mathrm{V}\Omega$→|端子，并将黑色测试导线插入 COM 端子。

(3) 将探针接触想要的电路测试点，测量电压。

(4) 阅读显示屏上测出的电压。

测量方法参考图 F11.3。

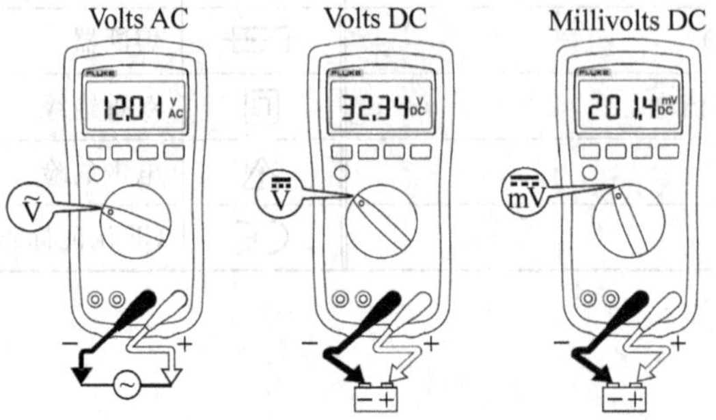

图 F11.3　交直流电压测量

5）测量交流或直流电流

(1) 将旋转开关转到 $\overset{\cong}{\mathrm{A}}$、$\overset{\cong}{\mathrm{mA}}$、$\overset{\cong}{\mu\mathrm{A}}$。

(2) 按下黄色按钮，在交流或直流电流测量间切换。

(3) 根据待测的电流大小，将红色测试导线插入 A 或 mA 端子，并将黑色测试导线插入 COM 端子。

(4) 断开待测的电路路径，然后将测试导线衔接断口并施用电源。

(5) 阅读显示屏上的测出电流。

测量过程参见图 F11.4。

6）测量电阻

在测量电阻或电路的通断性时，为避免受到电击或造成电表损坏，应确保电路的电源已关闭，并将所有电容器放电。

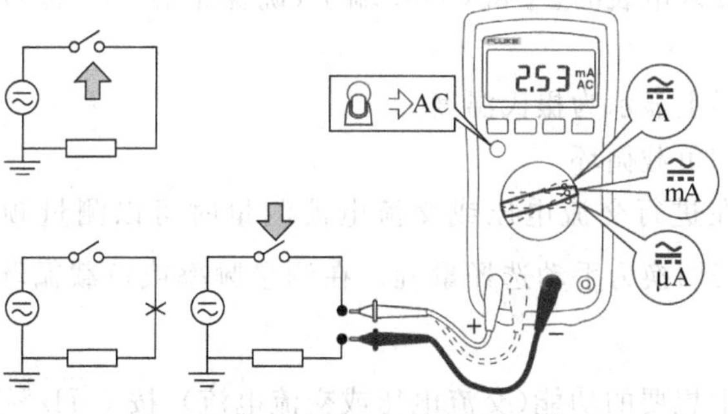

图 F11.4　测量交流或直流电流

(1) 将旋转开关转至VΩ℃。确保已切断待测电路的电源。

(2) 将红色测试导线插入VΩ℃端子，并将黑色测试导线插入 COM 端子。

(3) 将探针接触想要的电路测试点，测量电阻。

(4) 阅读显示屏上的测出电阻。

通断性测试：

当选中了电阻模式，按两次黄色按钮可启动通断性蜂鸣器。若电阻不超过 50Ω，蜂鸣器会发出连续音，表明短路。若电表读数为OL，则表示开路。

7) 测量二极管

在测量电路二极管时，为避免受到电击或造成电表损坏，应确保电路的电源已关闭，并将所有电容器放电。

(1) 将旋转开关转至Ω。

(2) 按黄色功能按钮一次，启动二极管测试。

(3) 将红色测试导线插入VΩ℃端子并将黑色测试导线插入 COM 端子。

(4) 将红色探针接到待测的二极管的阳极而黑色探针接到阴极。

(5) 阅读显示屏上的正向偏压值。

(6) 若测试导线的电极与二极管的电极反接，则显示屏读数会是OL。由此可以区分二极管的阳极和阴极。

8) 测量电容

为避免损坏电表，在测量电容前，应断开电路电源并将所有高压电容器放电。

(1) 将旋转开关转至⊣⊢。

(2) 将红色测试导线插入VΩ℃端子，黑色测试导线插入 COM 端子。

(3) 将探针接触电容器导线。

(4) 待读数稳定后(长达 15s)，阅读显示屏上的电容值。

9) 测量温度

(1) 将旋转开关转至℃。

(2) 将热电偶插入电表的VΩ°C→⊣⊢和 COM 端子，确保带有“＋”符号的热电偶插头插入电表上的VΩ°C→⊣⊢端子。

(3) 阅读显示屏上显示为摄氏温度。

10) 测量频率和负载循环

17B 型万用表在进行交流电压或交流电流测量时可以测量频率或负载循环。按 [Hz%] 按钮即将电表切换为手动选择量程。在测量频率或负载循环以前需选择合适的量程。

(1) 将电表选中想要的功能(交流电压或交流电流)，按下 [Hz%] 按钮。

(2) 阅读显示屏上的交流电信号频率。

(3) 要进行负载循环测量，再按一次 [Hz%] 按钮。

(4) 阅读显示屏上的负载循环百分数。

附录 12　LPS202 直流稳压稳流电源使用说明

LPS202 电源是一种多功能直流稳压稳流电源，由两路相同且独立的直流稳压稳流电源组成。不需外部接线，控制前面板设置的开关可自动实现串、并联跟踪。电源工作在独立状态时，两路电源独立。而选择在跟踪状态时，主通道与从通道自动连接成串联跟踪方式或并联跟踪方式。当选择串联跟踪时，从通道输出电压等量跟踪主通道，两路串联输出电压扩展 2 倍；当选择并联跟踪时，两路并联主通道输出电流扩展 2 倍。

1. 电源面板各部件功能及说明

LPS202 直流稳压稳流电源前面板如图 F12.1 所示。电源前面板右侧部分为主通道(MASTER)控制装置，左侧部分为从通道(SLAVE)控制部分。主、从通道的调节旋钮、输出端子、显示器等分别标有 MASTER 或 SLAVE。面板右下角的按钮开关 POWER 是电源开关。开关置 ON 时，主、从通道电源开通并有电压输出；开关置 OFF 时，主、从通道电源关断。

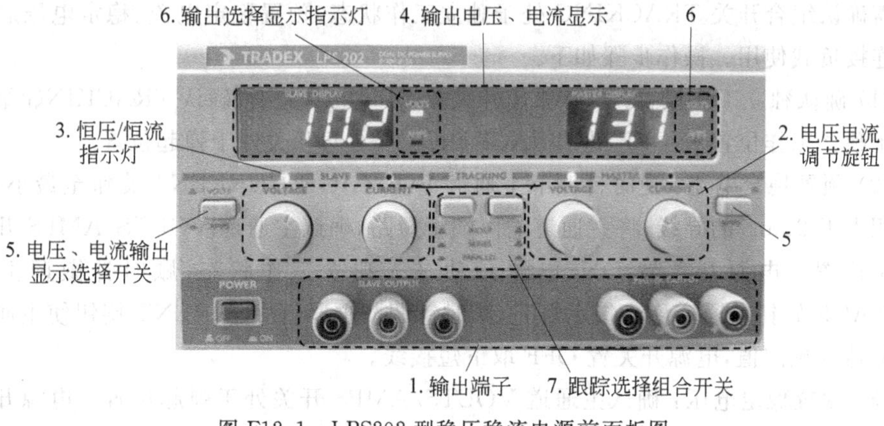

图 F12.1　LPS202 型稳压稳流电源前面板图

“1”：面板下部左右各有三个输出端子，分别是从通道和主通道的输出端子，其中红色(标有“＋”)的端子是电压正极输出，黑色(标有“—”)的端子是电压负极输出，中间的输出端子(标有 GND)是接地端子，此端子在机内与电源输入插座(GND)及机箱连接。

“2”：面板中部有两组共四个旋钮，分别是两个通道的电压(VOLTAGE)、电流(CURRENT)调节旋钮，用于设置或调节主从通道的输出电压和输出电流。两个通道的电压、电流调节旋钮上面各有一个指示灯，如图 F12.1 中“3”所示，用来显示此通道处于恒压状态(CV)或者是恒流状态(CC)。当电压旋钮上面的灯亮时，此通道处于恒压输出状态；当电流旋钮上面的灯亮时，此通道处于恒流输出状态。

“4”：面板的上部是两个数字显示表，分别显示两个通道的输出电压或输出电流。两个通道的显示输出是复用的，用“电压/电流”显示选择开关“5”来选择。此开关处于弹起位置时，数字表显示输出电压；此开关处于按下位置时，数字表显示输出电流。两个数字显示表的右侧分别有两个输出显示指示灯“6”，“VOLTS”灯亮时，显示的数字是输出电压；“AMPS”灯亮时，显示的数字是输出电流。

“7”：跟踪选择组合开关 TRACKING。当两个开关都处于弹起位置时，主、从通道独立工作；若左侧开关处于按下位置，且右侧开关处于弹起位置时，主、从通道串联跟踪工作；当两个开关都处于按下位置时，主、从通道并联跟踪工作。

2. 独立输出、串联跟踪、并联跟踪使用方法

作为稳压源使用时，电流调节旋钮可预置最大输出电流，从而起到电流保护作用。作为稳流源使用时，电压调节旋钮可预置最大开路电压，从而起到电压保护作用。

1）独立输出使用

可任意使用主、从通道，并可同时使用。根据使用情况主、从通道可分别选择对地输出正电压（负端接地），对地输出负电压（正端接地），对地浮动（正负端均不接地）。使用前需确认组合开关 TRACKING 处于独立工作状态，预置稳定电流、稳定电压后电源可以连接负载使用。操作步骤如下：

（1）确认独立工作设置：POWER 开关置 OFF 电源关断，确认 TRACKING 组合开关处于独立工作位置 INDEP，即 TRACKING 左、右两开关处于弹起位置。

（2）预置稳定电流：逆时针调节主通道 VOLTAGE、CURRENT 旋钮至最小，使用截面积大于 $2mm^2$ 的导线，将主通道输出端子短路，确认主通道 VOLTS/AMPS 开关处于按下位置。电源开关置 ON，电源自动进入独立工作状态，顺时针微调主通道 VOLTAGE 旋钮主通道稳流指示灯亮，顺时针调节主通道 CURRENT 旋钮使主通道输出电流达到预定值，电源开关置 OFF 取下短接线。

（3）预置稳定电压：确认主通道 VOLTS/AMPS 开关处于弹起位置。电源开关置 ON，电源自动进入独立工作状态，调节主通道 VOLTAGE 旋钮使主通道输出电压达到预定值。

2）串联跟踪使用

根据使用要求情况可选择对地输出正电压（从通道负端接地），对地输出负电压（主通道正端接地），对地输出正负电压（中点接地，主通道负端接地），对地浮动（主、从通道正负端均不接地）。处于串联跟踪状态时，从通道输出电压等量跟踪主通道。主通道正极与从通道负极之间可输出 0～60V 电压，输出电压为主通道电压显示值与从通道电压显示值之和。当主通道负极为中点时，从通道负极、中点与主通道正极之间可输出 −30V～0～30V 正负跟踪电压。顺时针调节从通道 CURRENT 旋钮至最大。经确认

组合开关 TRACKING 处于串联跟踪，并经过预置稳定电流、稳定电压的电源可连接负载使用。具体操作步骤如下：

（1）确认串联跟踪工作设置：电源开关置关断（OFF），确认 TRACKING 组合开关处于 SERIES 位置，即 TRACKING 左开关处于按下位置，右开关处于弹起位置。确认从通道 CURRENT 旋钮处于最大。

（2）预置稳定电流：逆时针调节主通道 VOLTAGE、CURRENT 旋钮至最小，使用截面积大于 $2mm^2$ 的导线，将主通道输出端子短路，确认主通道 VOLTS/AMPS 开关处于按下位置。电源开关置 ON，电源自动进入主、从通道串联跟踪状态，顺时针微调主通道 VOLTAGE 旋钮，此时主通道稳流指示灯亮，顺时针调节主通道 CURRENT 旋钮使输出电流达到预定值，电源开关置 OFF 取下短接线。

（3）预置稳定电压：确认主、从通道 VOLTS/AMPS 开关处于弹起位置。电源开关置 ON，电源自动进入主、从通道串联跟踪状态，调节主通道 VOLTAGE 旋钮使输出电压达到预定值。输出电压为主通道电压显示值与从通道电压显示值之和。

3）并联跟踪使用

使用主通道输出端子。根据使用情况可选择对地输出正电压（主通道负端接地），对地输出负电压（主通道正端接地），对地浮动（主、从通道正负端均不接地）。主通道输出电流扩展 2 倍，输出电流为主通道电流显示值与从通道电流显示值之和。顺时针调节从通道 CURRENT 旋钮至最大。经确认组合开关 TRACKING 处于并联跟踪，经过预置稳定电流/稳定电压的电源可以连接负载使用。

（1）确认并联跟踪工作设置：电源开关置 OFF，确认组合开关 TRACKING 处于 PARALLEL 位置，即 TRACKING 左、右两开关处于按下位置。确认从通道 CURRENT 旋钮处于最大。

（2）预置稳定电流：逆时针调节主通道 VOLTAGE、CURRENT 旋钮至最小，使用截面积大于 $2mm^2$ 的导线，将主通道输出端子短路，确认主、从通道 VOLTS/AMPS 开关处于按下位置。电源开关置 ON，电源自动进入主、从通道并联跟踪状态，顺时针微调主通道 VOLTAGE 旋钮，此时主通道稳流指示灯亮，顺时针调节主通道 CURRENT 旋钮使输出电流达到预定值，输出电流为主通道电流显示值与从通道电流显示值之和。电源开关置 OFF 取下短接线。

（3）预置稳定电压：确认主通道 VOLTS/AMPS 开关处于弹起位置。电源开关置 ON，电源自动进入主、从通道并联跟踪状态，调节主通道 VOLTAGE 旋钮可使输出电压达到预定值。